中央高校基本科研业务专项资金资助项目（编号：13ZD21）
河北省哲学社会科学研究基地资助项目

低 碳 经 济 丛 书

低碳城市发展研究

基于保定实证分析

张清　贺湘硕　高然◎著

知识产权出版社

全国百佳图书出版单位

图书在版编目（CIP）数据

低碳城市发展研究：基于保定实证分析/张清，贺湘硕，高然著. —北京：知识产权出版社，2016.1

ISBN 978 – 7 – 5130 – 3983 – 3

Ⅰ.①低… Ⅱ.①张… ②贺… ③高… Ⅲ.①节能—生态城市—城市建设—研究—保定市 Ⅳ.①X321.222.3

中国版本图书馆 CIP 数据核字（2015）第 307866 号

内容提要

全球气候变化影响人类的生存与发展，已经成为当今世界各国必须共同面对的最严峻的挑战，低碳经济成为人类解决此问题的一剂良药。

本书从认识低碳经济、低碳经济评价、低碳产业和低碳工程四个角度对低碳经济进行了阐述和分析，运用定性和定量相结合的方法，结合全国首批低碳试点城市之一——保定的实际进行了相关的评价分析，并对低碳服务业中的物流业也进行了评价分析，最后着重对低碳校园进行了分析，并结合实例，通过调查问卷，对低碳校园的建设提出了看法。

责任编辑：蔡　虹　　　　　　　　　责任出版：孙婷婷
封面设计：邵建文

低碳城市发展研究
——基于保定实证分析

张　清　贺湘硕　高　然　著

出版发行：知识产权出版社 有限责任公司　　　网　　　址：http://www.ipph.cn

社　　址：北京市海淀区马甸南村 1 号（邮编：100088）　　天猫旗舰店：http://zscqcbs.tmall.com

责编电话：010 – 82000860 转 8324　　　　　　责编邮箱：caihong@cnipr.com

发行电话：010 – 82000860 转 8101/8102　　　发 行 传 真：010 – 82000893/82005070/
　　　　　　　　　　　　　　　　　　　　　　　　　　　　　82000270

印　　刷：北京中献拓方科技发展有限公司　　经　　销：各大网上书店、新华书店及
　　　　　　　　　　　　　　　　　　　　　　　　　　　　　相关专业书店

开　　本：787mm×1092mm　1/16　　　　　　印　　张：15

版　　次：2016 年 1 月第 1 版　　　　　　　　印　　次：2016 年 1 月第 1 次印刷

字　　数：269 千字　　　　　　　　　　　　　定　　价：45.00 元

ISBN 978 -7 -5130 -3983 -3

序　言

全球气候变化影响人类的生存与发展，已经成为当今世界各国必须共同面对的最严峻的挑战。近年来，全球各国都在寻求减少温室气体排放、减缓气候变暖，同时又能保持经济处于相对较快的发展速度之间的平衡，而以低能耗、低污染、低排放和高效能、高效率、高效益为主要特点的低碳经济成为人类解决此问题的一剂良药，为此，世界各国都投入了巨大的人力、物力、财力去研究低碳经济，在可预见的未来，谁掌握了低碳经济、低碳技术、低碳产业，谁发展了基于低碳经济的低碳城市、低碳社区、低碳企业、低碳校园，谁就能有更大的发展空间。

本书共包括四篇，分别从第一篇认识低碳经济、第二篇低碳经济评价、第三篇低碳产业和第四篇低碳工程四个方面对低碳经济进行了阐述和分析，其中，在第一篇中对低碳经济产生的背景、现状等进行了阐述；在第二篇低碳经济评价中，运用层次分析法建立了评价低碳经济的指标体系，并运用专家打分法对评价指标进行了赋权，结合全国首批低碳试点城市——保定的实际进行了评价分析；在第三篇低碳产业中运用模糊层次分析法，结合保定实际，对保定市的物流业进行了分析；在第四篇中，着重对低碳校园进行了分析，并结合实例，通过调查问卷，对低碳校园的建设提出了自己的看法。

本书兼顾科普与学术研究，既是一部科普读本，也是一部学术著作。本书可供区域经济、生态经济、产业经济的政府相关部门工作人员阅读和参考，同时也可供本科生或其他人员阅读、参考。

华北电力大学贺湘硕撰写了第一篇、第二篇；华北电力大学张清撰写了第二篇、第四篇；华北电力大学高然撰写了第一篇、第三篇。

CONTENTS 目 录

第三篇　低碳产业

第四篇　低碳工程

认识低碳经济

1 绪 论

低碳经济为如何处理世界生态、环境、气候变化与人类发展这一历史性问题提供了一个最新的目前也是最好的答案，是当前国内外学术界和决策者关注、具有广泛社会性的前沿理念与热点问题。作为全球生态、经济、政治利益的整合，低碳经济已上升到国家和区域发展战略的全新高度，将引领全球发生深刻变革，将成为继第一次工业革命、第二次工业革命、信息技术革命、生物技术革命之后的第五次改变世界经济格局的革命浪潮，必将带给人类自农业文明、工业文明之后的最大一次进步，这种进步将引领全球生产模式、生活方式、价值理念、发展观念和国家权益的深刻变革。

1.1 人类生存危机

2004 年年初，曾经因成功预测苏联解体和"9·11 事件"而极具影响力的美国国家高级安全顾问安德鲁·马歇尔，向时任美国总统布什递交了一份绝密报告，经媒体披露，这份绝密报告对全球变暖的严重后果发出了严正警告。报告指出：在今后 20 年内，包括全球气候变暖在内的地球变化将导致地球资源短缺，引发全球骚乱和人类纷争。

而在这份报告提交的 5 年后，即 2009 年 9 月 8 日，位于赤道附近的海拔5896 米的非洲第一高峰——乞力马扎罗山山顶积雪融化，也许不出 10 年雪顶将永远地消失，曾经因为著名作家海明威而闻名于世、存在了几千万年的赤道雪景可能只会永远成为人类美好的记忆了。但令人遗憾的不是我们失去了一个美丽的风景，而是这件事向我们表明，地球变暖正在给人类发出危险的信号。

事实上，自 20 世纪 80 年代以来，地球就像在发烧，大气温度急剧上升。据研究，在今后 100 年中，地球温度将上升 3.5 度，海平面将上升 40 厘米。因为地球变暖，在接下来的 200 年中，地球南极和北极的冰川将彻底融化，北纬 40 度以南地区将会洪水泛滥，40 度~60 度地区将成为一片荒漠，大多数国家的沿海城市将被海水淹没，多数岛屿国家将被海水吞没，土地和资源短缺将引起全球冲突和战争，暴雨、洪水、台风等自然灾害频发，将有千百万人死于战争和自然灾害。

图 1-1-1　消失的家园

资料来源：中国国家地理网，http://photo.dili360.com/hdtj/2010/0322/125.shtml#5.

警告一：全球变暖——全人类的犯罪

图 1-1-2　汽车尾汽排放日益增多

资料来源：http://tech.sina.com.cn/d/2013-08-10/11548625337.shtml.

2007 年 2 月 2 日，联合国政府间气候变化专门委员会（Intergovernmental Panel on Climate Change，IPCC）在经过 4 天的讨论后，发表了《第四次气候评估报告》梗概。这份长达 20 页的报告综合了数千份研究成果，是迄今为止对全球变暖问题的最权威科学报告。

根据已经获得的草案，报告称："已观测到的大范围的大气和海洋升温以及冰层大量融化，支持了这一结论：过去 50 年中的气候变化很难不用外力来解释，而且很可能不只是由于已知的自然原因。"这是迄今为止关于全球从 1993 年到 2009 年的 16 年间，图瓦卢的国土面积缩小了 2%。在 2000 年之前，富纳富提环礁中间的海水中有一个宽约 5 米、长约 10 米的小岛，当时岛上生长着大量椰子树，到现在，这个小岛已经沉到了海底，只有退潮时还能看到一点点影子。

还有一组检测数据显示，从 1993 年到 2009 年，图瓦卢的海平面总共上升了 9.12 厘米，按照这个数字推算，50 年之后，海平面将上升 37.6 厘米，这意味着图瓦卢至少将有 60% 的国土彻底沉入海中，这对图瓦卢就是意味着灭亡，因为涨潮时图瓦卢将不会有任何一块土地能露在海面上。而事实上，图瓦卢的末日可能会提前到来，因为图瓦卢的整个国土都是由珊瑚礁组成，全球气温变暖导致珊瑚的生长速度减慢甚至大量死去，被珊瑚礁托起来的图瓦卢也会因此而"下沉"。

图瓦卢这个国家没有工业，几乎没有农业，所有的食物都要进口，比如一瓶水要 2 美元，一条普通的毛巾要 17 美元，由于缺乏蔬菜，图瓦卢的居民长期都以肉食为主，这导致当地人在三四十岁就普遍得上了脂肪肝、高血压、高血脂、心脏病等疾病，他们的平均寿命还不到 50 岁。

曾经有一个图瓦卢的国民说了一句令人震惊的话："全球 60 多亿人，都应该向我们说声抱歉。"海平面上升前，他们过着"世外桃源"的生活:穿着蓝色衬衫和短裤的警察光着脚走在街上，孩子们在珊瑚礁围成的湖中嬉戏，渔夫们用网捞上新鲜的金枪鱼。下午时光他们常常在吸烟、品尝酸椰汁和小憩中度过。这里没有大学，只有一所高中，连一所技工学校都没有，人们过着无忧无虑的生活。然而现在，国家面临灭顶之灾，很多人只能移民到国外，可问题是，因为普遍没有受过较高的教育，也没有较强的专业技能，即便是出国务工，也只能做最"底层"的工作，比如种植水果、收割庄稼、当清洁工人等。更大的问题是，至今没有任何一个国家愿意接受图瓦卢移民。

马尔代夫也是如此。

曾经有人这样来形容马尔代夫的美："全球顶级的海岛度假圣地，哪怕只是惊鸿一瞥，她都会令你难以忘记。当你乘坐的飞机冲出云层，耀眼的白沙岛和绿宝石般的礁湖就会一下子呈现在你眼前。等不及飞机降落，你就会坚信，这里就是天堂。"

马尔代夫是一个群岛国家，由 26 组珊瑚环礁、1200 多个珊瑚岛屿组成，绵延长达 900 公里，平均海拔只有 1.2 米。

图1-1-6　人间天堂马尔代夫

资料来源：http://www.xaly123.com/UpLoad/20130506162329907.jpg.

联合国政府间气候变化专门委员会（IPCC）指出，1961年以来全球海面平均每年上升1.8毫米，由于热膨胀、冰川、冰帽和极地冰盖的融化，1993年以来加速到3.1毫米，如此一来，最快100年内海面将淹没整个马尔代夫。

马尔代夫最北端的Hathifushi岛在2007年已经全部被淹没，80多人被迫迁移。如今的"人间天堂"马尔代夫正在遭遇蓝色梦魇。

为了保护海滩和树木，当地居民收集各种石头置于海滩作为防卫，而这些努力却在全球变暖问题前变得杯水车薪，犹有蚍蜉撼大树之感，半米高的"坝"被随时兴起的海浪一跃而过。

然而不仅仅是这些岛国如此。

据报道，按照人类社会加速发展的趋势，南极冰川完全有可能在一二百年之内全部融化。到那时，海平面将上升60米。由于各国的发达地区几乎都集中于低海拔的沿海地区，如果百年之后这些地区被淹没，全球各国力量完全可能重新洗牌，到那时，全球比拼的绝不是武器装备，也不是海陆空天各军种，而是你的国家还有多少陆地面积，这些面积的大小决定了这个国家的生存空间。中国也不例外。很多人觉得，世界屋脊在中国，中国还怕海平面上升？的确，相对于全球大部分国家而言，中国有着较大范围的纵深，但同样不容乐观。如果海平面升高50米，中国的沿海发达地区将几乎全部被淹没，三大经济区，对于京津冀，秦皇岛、天津、唐山、北京以及河北省的东南部将沉入海底；对于长三角，江苏和上海将消失，将仅存云台山、紫金山等零星小岛；对于珠三角，福建、广东、广西的海岸线将退缩，杭嘉湖平原和珠三角平原将被淹没。同时，中国的9大商品粮基地将有6个被淹没，解决温饱问题又会成为国家努力奋斗的目标……

警告四：全球变暖——飓风来袭

时间回到2006年8月，飓风卡特里娜破坏了新奥尔良；飓风斯坦席卷了中美洲。根据大西洋风暴记录显示，这是最强烈的一次，用来分隔庞恰特雷恩湖（Lake Pontchartrain）和路易斯安那州新奥尔良市的防洪堤因风暴潮而缺堤，造成该市8成地方遭洪水淹没。强风吹及内陆地区，阻碍了救援工作。卡特里娜造成最少750亿美元的经济损失，成为美国史上破坏最大的飓风。这也是自1928年奥奇丘比（Okeechobee）飓风以来死亡人数最多的美国飓风，至少有1836人丧生。气象学家第一次用遍了所有用来表示此类气象的名称，而不得不借用希腊字母表来表示。一些科学家认为风暴是由于全球气候变暖引起的。有研究认为海水表面温度升高到27℃就能够形成飓风，而据华盛顿气象学家联合会的科学家布伦达·伊库泽表示，卡特里娜和丽塔到来时，海水表面温度将近33℃，整整比飓风形成所需要的温度高出6℃。

图1-1-7　飓风云图

资料来源：http://www.xaly123.com/UpLoad/20130506162329907.jpg.

警告五：全球变暖——夏季热浪滔天，冬季春色暖阳

2011年，在中国西安的气象观测站，周边无遮挡物的情况下，西安平均温度达38℃，比以往高出1℃~2℃。而在西安市中心的马路上，地表温度实际已超过40℃，以致有人这么调侃："西安天气实在太热了！买了筐鸡蛋，到家变小鸡了；买了个凉席，一睡变成电热毯了；汽车不用点火，自己着了；在路上遇到个陌生人，相视一笑变'熟人'了；桌子太烫，麻将刚抓好居然'和'了；想吃个凉菜，你都得趁凉吃，要不一会儿就热了；当电风扇变成了电吹风，我觉得人生都失去了意义……"

2012年，根据美国国家气象局公布的数据，美国中东部地区正在遭受史上罕见的极端高温现象考验，被打破的相关高温纪录已经达到1600项。截至当地时间7月1日，全美有20个州已经发布高温警报，其中东南部各州的气温都超过了38℃，不少地方的极端气温超过了40℃，而在6月27日和28

日，科罗拉多和印第安纳 32 个地区都出现历史上最高温度。堪萨斯州诺顿坝 28 日气温高达 47.7℃，甚至比著名的极热之地死亡谷 7 月的平均气温还高出 2℃。

2013 年 40 天的"三伏天"，金华市区最高气温达到 35℃ 以上的日子就有 32 天，超过 40℃ 大关的极端高温有 8 天。这 40 天里，一项项历史纪录被轻松打破，成了 1953 年有气象纪录以来金华历史上最热的一个夏天。

2013 年，重庆市气象局 8 月 28 日发布消息称，重庆今年夏季大部分地区平均气温在 27.1℃ 至 30.3℃。该市平均气温较常年同期偏高 2.2℃，为 1961 年以来同期最高值。

2014 年，NOAA 公布的数据表明，全球范围内，2014 年将是人类有史以来最热的一年，2014 年全球平均气温为 14.6℃，比 1961—1990 年的平均值高出 0.6℃，也比历史上最暖的 2005 年和 2010 年高出约 0.04℃，成为自 1880 年有记录以来最暖的一年。整个 2014 年，热浪遍布全球。在南美，巴西遭遇了 50 年来最严重干旱，南美洲多国遭遇严重洪涝灾害。在澳洲，澳大利亚持续高温天气引发多起森林火灾；澳大利亚的罕见高温，打破 150 余项气候纪录。在亚洲，印度新德里 47.8℃ 高温创 62 年来纪录。在欧洲，荷兰年平均气温偏高 1.4℃，是近 3 个世纪以来的最高值；英国、法国、瑞士等地气温为近 200 年来最高……

图 1-1-8　2014 年 1 月 30 日巴西里约热内卢海滩人满为患

资料来源：参考消息。http://money.163.com/15/0127/10/AGV8726J00254TI5.html。

2007 年，中国南京 2 月初的"寒冬腊月"，以往平均气温都在 10℃ 以下，却一直处于平均 15℃ 以上的"高温"，甚至在 2 月 6 日的下午 3 点，温度达到 23.8℃，成为南京有气温记录以来同期的最高值。而同年 2 月 5 日的北京，气温甚至创下了自 1840 年有气象资料以来历史同期的最高纪录。此外，纽约 2007 年下雪创 129 年来最迟，瑞典的棕熊不愿进入冬眠，瑞士滑雪场无雪可滑……这都在表明全球气温的异常，其 2008 年冬天气温也普遍偏高，东北部分地区 2008 年冬天气温比往年同期偏高，1 月全国平均气温也比常年同期偏高 1.4℃。专家指出，高纬度和高海拔地区更容易受到全球气候变暖因素的影响。我国东北地区和青藏高原地区 2008 年冬季气温比往年同期明显偏高，1 月，我国东北地区偏高 4.1℃，属历史冬季最高气温；青藏高原地区偏高 2.7℃，也属历史高位。暖冬能给农业带来巨大危害，比如病虫害爆发、土壤蓄水不足，造成产量减少甚至绝收。

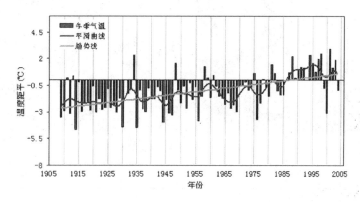

图 1－1－9　1905—2005 年我国冬季气温变化图

资料来源：http：//www. lnmb. gov. cn/qhbh. file/qhbh_ 200601_ 1. asp.

1.2　拯救地球，人类在行动

1.2.1　节能建筑，绿色建筑

曾经看到这样一个报道，说是一位专家在考察项目时，看到又新矗立起的一个个酒店，不知道该怎么评判这些建筑，有一个酒店的阳面全部是玻璃幕墙，他对身边的一位干部说："知道吗，从 5 月份到 10 月份，这样的窗户，这样的幕墙，相当于 10000 个电炉子在消耗能量，这得需要多少空调来降温啊？"这样的玻璃幕墙，在很多城市都很常见，甚至有四面都是玻璃幕墙的建筑，这些玻璃幕墙在光线的照射下显得褶褶生辉，人们不禁从心底被它那高大上的美深深折服，这也反映出人们对建筑的认识还停留在美观的视觉效应上，而对"绿色建筑""低碳"尚未形成深刻的认识。在人们还没有形成节能意识，还没有意识到非节能建筑会带来巨大的能源消耗时，一座座注重视觉效果、高能耗的楼宇已拔地而起。

图1-1-10 楼体的玻璃幕墙

资料来源：http://www.bmlink.com/pro/proimg7953641.html.

这种现象，正在改变。

欧洲的绿色建筑、节能建筑无论是实施的标准还是实施的力度，均位于世界前列。1997年，《京都议定书》明确了各国在2012年前减少温室气体排放的目标。为了实现该目标，在2007年3月，欧盟开始实施低碳政策目标，提出了3个"20%"，其中之一就是将建筑能效提高20%。对此，下文将欧洲有代表性的国家逐一梳理一下。

（1）英国。

英国的节能建筑应用在应对气候变化行动中，英国要求2050年的二氧化碳排放比1990年减少80%，垃圾实现零填埋。从2007年4月起，英国要求新建建筑必须满足《可持续住宅规范》；从2016年起，新建住宅必须达到6星级。2008年3月，英国政府制定新目标，从2019年起所有新建非住宅建筑必须为零碳建筑。另外，鉴于英国既有建筑中的90%至少将存续至2050年，因此，加大对既有建筑的节能改造对英国的绿色建筑意义非凡。英国设计绿色节能建筑强调采用"整体系统"的设计方法，即从建筑选址、建筑形态、保温隔热、窗户节能、系统节能与控制等方面去整体考虑建筑的设计方案。不仅如此，英国还通过零排放社区、新风换气系统、雨水和废水利用以及社区交通与服务几个方面来加强节能建筑的实施，比如，在雨水和废水利用方面，实施节能建筑的每家每户均安装简易的雨水收集设备，社区建有大的储水池，雨水在进入储水池之前还要经过自动净化过滤器的过滤，居民可以用这种简单过滤的雨水直接清洗卫浴、灌溉树木及公园绿植，而社区的废水也在经过社区的生态湿地和温室等的净化作用后才排入邻近的河川之中。

（2）法国。

法国为了应对全球气候变暖，于2007年10月提出了《Grenelle环保倡议》（简称环保倡议）的环境政策，为解决环境问题和促进可持续发展确立了一个长期的政策。环保倡议的核心是强调建筑节能的重要性和潜力，以可再生能源的适用和绿色建筑为主导。其为建筑行业在降低能源消费、提高可再生能源应用和控制噪音和室内空气质量方面制定了宏伟的目标：要求在2020年前全部既有建筑能耗降低38%，2020年前可再生能源在总的能源消耗中的比例上升到23%。

毫无疑问，法国的低碳政策对建筑行业的影响是深远的。没有技术的变革就不能实现这些能源目标，从而降低全球变暖对环境的影响。要实现环保倡议的目标，就要转变创新的模式，从建筑产品的创新转变为对系统、工程和服务的创新，不仅发展可持续的建筑，也要实现社区和整个城镇的可持续发展。

图1-1-11　法国布依格建筑公司总部

资料来源：http：//www.lvdichan.com/news/show.php？itemid=24568.

法国凡尔赛的一个办公室，成为世界上第一幢由英国、美国和法国环境标准认证都认可的建筑。

法国布依格建筑公司（Bouygues Construction）的总部，被英国建筑研究院环境评估方法（Breeam）、美国"铂金认证"（"platinum" by Leed）和法国"绿色建筑认证"（"exceptional" by Passeport HQE）认证为"杰出建筑"。

SRA Architecture 建筑公司在监督"1988 挑战者房产"（1988 Challenger）的翻新。"1988 挑战者房产"最初由凯文·罗奇（Kevin Roche）设计。"北三角大楼"（North Triangle building）的翻新首先完成，被 3 个认证团体授予最高认证。

（3）瑞士。

瑞士，无论从其建筑师的数量、水平，抑或从建筑的设计理念、风格，还是从建筑质量、建筑材料的选用方面，都代表了世界的顶尖水平，在绿色建筑方面也不例外。

瑞士代表性的绿色建筑是 2000 年开始建造并于 2002 年竣工的模糊大厦，它本身是 2002 年瑞士博览会的一个展亭，后来由于其独特的设计思想及超节能理念而为人们所叹服。模糊大厦位于伊凡登勒邦城新城堡湖畔，它采用轻质结构，100 米宽，64 米深，25 米高，最令人惊奇的就是它的建筑材料，把瑞士人极简的设计风格和对建筑材料的选择诠释得淋漓尽致，它的主要建筑材料就地取用——水，将水从湖里抽上来，过滤，通过排排紧密的高压喷嘴喷放出细密水雾，自然与人类通过水雾形成的雾团互动，人工智能气候控制系统读取时刻变化的气温、湿度、风速和风向，经过中央电脑处理，调整 31500 个喷雾嘴的水压，建筑可同时容纳 400 位访客。进入雾团，视觉和声觉参照物一律消逝，只剩下光学"乳白"现象和喷雾嘴发出的"白噪声"，人们形容它是"空无一物，仅关注视觉本身"。

图 1 -1 -12　瑞士模糊大厦

资料来源：http：//www. haokoo. com/decoration/1563096. html.

（4）日本。

日本是典型岛国，能源极度贫乏，能源自给率仅有 4%，石油的 99.7%、煤炭的 97.7%、天然气的 96.6% 严重依赖进口。

表 1-1-1　日本与其他主要发达国家能源依存度比较

	日本	美国	德国	法国	英国
一次能源供给量（百万吨）	530	2340	345	276	234
能源进口依存度（%）	81	30	61	50	13
一次能源的石油依存度（%）	47	41	36	33	36
石油的依存度（%）	100	66	96	99	-5
输入原油的中东依存度（%）	89	21	7	27	4

资料来源：国际能源署（IEA），石油信息（OIL INFORMATION），2007 年 12 月。

在此背景下，日本非常重视发展低碳经济，积极开发新能源，推进节能。目前，日本是世界上节能最先进的国家之一，同时还是新能源开发最领先的国家之一，在几乎所有的新能源领域，包括太阳能、风能、海洋能、地热、垃圾发电、燃料电池等都处于世界顶尖水平，不仅开发新能源，对于能源消耗的降低，日本也是极尽所能。

据统计，2005 年整个东京 60% 的能耗来自建筑。为此，东京政府出台了《东京绿色建筑计划》、绿色标签计划、《2007 年东京节能章程》和《2008 年东京环境总体规划》等政策。东京在市政府机构中广泛采用节能措施，为节能理念与节能技术推广起到示范作用。东京都政府要求，面积为 1 万平方米的新建建筑必须向政府提交环境报告，促使建筑物拥有者进行低碳设计；引导政府机构、学校、医院等市政机构使用绝热性好、节能效率高的电器设备，增加绿化面积，使用可再生能源等。根据《2008 年东京环境总体规划》，东京政府计划将新建筑的节能标准从现在的 14% 提高到 2016 年的 65%，以最大限度地降低房屋的耗能水平。❶

（5）中国。

原建设部（现已更名为国家住房和城乡建设部）部长汪光焘曾指出：目前中国住宅建设过程中，耗能达到总能耗的 20% 以上，耗水占城市用水的 32%，城市用地中的 30% 用于住宅，耗用的钢材占全国用钢量的 20%，水泥用量占全国总用量的 17.6%。住宅建设的物耗水平与发达国家相比，钢材消

---

❶ 任泽平："日本低碳城市建设的基本经验"，载中国经济新闻网，http://www.cet.com.cn/ycpd/sdyd/1115148.shtml。

耗高出 10% ~ 25%，卫生洁具的耗水量高达 30% 以上。随着城镇化进程和生活水平的提高，一方面必须建造大量住宅满足人们的居住需求，另一方面又面临越来越严峻的资源、环境、生态压力。

目前，中国现有建筑的 99% 都是高能耗建筑，随着低碳观念的深入，我国政府对低碳建筑的关注越来越多。比如，我国政府对于玻璃幕墙的建筑先后公布了一系列技术文件、标准和法令。1996 年《幕墙工程技术规范》、1997 年《加强建筑幕墙工程管理的暂行规定》、2006 年《既有建筑幕墙安全维护管理办法》、2011 年《上海市建筑玻璃幕墙管理办法》等法规相继出台，使控制幕墙工程质量有了法律、法规的依据。

2005 年 7 月 1 日正式实施的我国首部公共建筑的节能标准——《公共建筑节能设计标准》，在幕墙业内引起了不小的影响。《公共建筑节能设计标准》对节能玻璃幕墙的应用提出了明确的要求，同时对"超大采光""外飘窗"等不节能设计也提出了限制值。《公共建筑节能设计标准》第 4.2.4 条规定：建筑每个朝向的窗（包括透明幕墙）墙面积比均不应大于 0.70。当窗（包括透明幕墙）墙面积比小于 0.40 时，玻璃（或其他透明材料）的可见光透射比不应小于 0.40。

杭州市规划局拟定的《关于杭州市建筑玻璃幕墙使用有关规定》，意味着杭州已真正将"玻璃幕墙"纳入规范的管理轨道。《关于杭州市建筑玻璃幕墙使用有关规定》明确表明，采用玻璃幕墙作外墙面，要控制玻璃幕墙的面积或采用其他材料，对建筑立面加以分隔，禁止使用镜面玻璃。其对于十字路口、多路叉口处建筑也做出相关的规定："城市道路红线宽度大于 30 米的，其道路两侧建筑物 20 米以下立面，其余路段两侧建筑物 10 米以下立面，都属于限制设置区域。"这些限制设置的区域，建筑方案需经专家论证，才能设置玻璃幕墙。还有一些区域是严格禁止设置玻璃幕墙的，如历史街区、西湖风景名胜区内的建筑等，再有就是其单个立面透明玻璃占墙面比不得大于 0.6，且必须采用反射比率不大于 0.16 的低反射玻璃。

保定市政府 2013 年下发了《保定市关于开展绿色建筑行动促进低碳保定发展实施方案的通知》，其中明确提出在"十二五"期间要实现以下目标：

① 新建建筑能效提升。全市新建民用建筑节能标准执行率达到 100%。

② 既有居住建筑节能改造。"十二五"期间，全市完成既有居住建筑供热计量及节能改造 500 万平方米。

③ 供热计量收费改革。到 2015 年年底，市区住宅供热计量收费面积达到本市住宅集中供热面积的 50% 以上，各县（市）和白沟新城住宅供热计量

收费面积达到住宅集中供热面积的 25% 以上。

④ 可再生能源建筑应用。到 2015 年年底，新建建筑中可再生能源建筑应用率达 40% 以上；全市新增太阳能光伏并网发电和太阳能分布式应用系统总装机容量达到 200 兆瓦。

⑤ 公共建筑节能管理。建立机关办公建筑及大型公共建筑监管体系，并对重点建筑能耗实现动态监管。开展公共建筑节能改造，"十二五"期间，完成公共建筑改造 23 万平方米和公共机构办公建筑改造 23 万平方米；"十二五"期末，实现公共建筑单位面积能耗下降 10%，其中大型公共建筑能耗降低 15%。

⑥ 绿色建筑有序推进。2013 年、2014 年、2015 年，绿色建筑占新建民用建筑的比例分别达到 15%、20%、25%。

不仅如此，保定市还根据当地的具体情况明确了实施细则，比如，在执行绿色建筑标准上，通知中就明确规定：政府投资项目（办公建筑、学校、医院、博物馆、体育馆、科技馆、图书馆等）、保障性住房、2 万平方米以上大型公共建筑（商场、写字楼、机场、车站、宾馆、饭店、影剧院等）、建筑面积 10 万平方米及以上的住宅小区，自 2013 年 11 月 1 日起必须全面执行绿色建筑标准。涿州生态宜居示范基地所有新建项目必须全面执行绿色建筑标准。

1.2.2 "地球一小时"计划

图 1-1-13 地球一小时宣传画册

资料来源：http://365jia.cn/news/2012-03-31/0986C2851ED212DA.html? 0.03355030808597803.

"地球一小时"（Earth Hour）是世界自然基金会（WWF❶）应对全球气候变化所提出的一项倡议，希望家庭及商界用户关上不必要的电灯及耗电产品一小时，以表明他们对应对气候变化行动的支持。过量二氧化碳排放导致的气候变化目前已经极大地威胁到地球上人类的生存。只有改变全球民众对二氧化碳排放的态度，才能减轻这一威胁对世界造成的影响。"地球一小时"在3月的最后一个星期六20：30～21：30熄灯。

"地球一小时"活动首次于2007年3月31日在澳大利亚的悉尼展开，一时间吸引了超过220万悉尼家庭和企业参加；随后，该活动以惊人的速度迅速席卷全球。在2008年，WWF（中国）对外联络处透露，全球已经有超过80个国家、大约1000座城市加入了活动。

2013年，包括悉尼歌剧院、帝国大厦、东京塔、迪拜塔、白金汉宫在内的各国标志性建筑也在当地时间晚8点半熄灯1小时，其中包括巴勒斯坦、法属圭亚那、加拉帕戈斯群岛、卢旺达、圣赫勒那岛、苏里南、突尼斯等首次参与"地球一小时"的国家和地区。在中国，北京鸟巢、水立方、世贸天阶等标志性建筑同时熄灯，同一时段，从上海东方明珠到武汉黄鹤楼，从台北101到香港天际100观景台，中国各地多个标志性建筑均熄灯1小时，全国共有127个城市加入"地球一小时"活动。

图1-1-14　上海东方电视塔熄灯前后对比

资料来源：http：//www. chinanews. com/tp/photo_ special/2009/03－29/U86P4T366D170F11507DT20090329180250. jpg.

---

❶　世界自然基金会（World Wide Fund for Nature or World Wildlife Fund）是在全球享有盛誉的、最大的独立性非政府环境保护组织之一，1961年4月29日成立，总部位于瑞士格朗。世界自然基金会一直致力于环保事业，在全世界拥有超过500万支持者和超过100个国家参与的项目网络，其宗旨是保护世界物种多样性。

"地球一小时"能节省多少电力呢?

2007 年,"地球一小时"启动的第一年,澳大利亚悉尼设定了降低 5% 能耗的目标;2007 年 3 月 31 日,仅悉尼节省的电能就足够 20 万台电视机使用 1 个小时,相当于 1 个小时内路上少跑了 48613 辆汽车,节能减排效果显著。

2010 年 3 月 27 日 20:30,随着重庆朝天门广场、洪崖洞、重庆大剧院、滨江路和希尔顿酒店等在内的地标灯饰熄灭,重庆正式进入"地球一小时"。20:45,重庆市电力公司调度室的数据显示,进入"地球一小时"活动后,重庆用电峰值下降 10 万千瓦。

3 月 27 日 20:00,重庆用电峰值 603 万千瓦,但从 20:30 开始,用电量出现下降。20:30,重庆用电峰值降到 590 万千瓦;20:45,重庆用电峰值降到 580 万千瓦。

来自成都电业局的数据显示,3 月 27 日"地球一小时"活动期间,成都市用电负荷降低了约 3 万千瓦,按这个数据初步估计,"地球一小时"活动大约节省了 3 万千瓦时电,相当于节省了 9 吨标准煤。

当然,"地球一小时"的作用并不仅仅在于熄灯一小时所省的电,也不仅仅是一个"熄灯仪式",而是通过这个活动让人们形成低碳意识、节能理念,鼓励人们不论是在工作地点或居家用电,都要时刻提醒自己,关掉不必要的电灯,拔掉不需要的电源,长期坚持下去,通过改变自己的行为习惯尽量减少二氧化碳排放,积极应对气候变化。

1.2.3 发展新能源

全球变暖的罪魁祸首是碳的排放,碳的排放又是由化石能源消耗造成的,而能源的消耗是人类发展所必需的,在这种情况下,发展新能源,减少碳的排放,从而减缓全球变暖的进度,无疑是当下最有效的一种途径。在新能源的发展中,欧洲是走在世界前列的。

英国有着丰富的风力资源,近年开始将风能作为新能源开发的一个重点。自 2000 年第一个海上风力发电站获准建设开始,通过政策支持和经济补贴,英国现在已成为全球拥有海上风力发电站最多、总装机容量最大的国家,预计 2020 年英国风力发电总容量将达到 330 亿千瓦,将占到全球风力发电总量的 50%。为保证这一计划的顺利实施,英国政府出台了一揽子刺激计划,如,政府将投入 1.2 亿英镑用于大力发展海上风电。英国是全球海上风电的领军国家,截至 2013 年年底英国以 3681 兆瓦累计海上风电装机容量排名世界第一，占全球市场份额的56%。预计到2016年还有800兆瓦项目能够装机，2020年18000兆瓦容量装机完成，届时将提供英国18%~20%的电力需求。同时，英国政府也十分关注其他清洁能源的开发，如加强核能、地热等的开发，并对那些在家中安装清洁能源设备的家庭给予补贴等。此外，英国政府还将加强技术监管，以保证上述措施的顺利实施。

与英国一样，丹麦在新能源的开发和利用中也是首推风能，在其制定的最新能源计划中，丹麦政府的计划是到2020年风能发电达到发电总量的50%，到2050年完全摆脱对化石燃料的依赖。届时，丹麦将成为靠风"驱动"的国家。丹麦的风力发电研究历史悠久，最早始于1891年，是世界上最早开始进行风力发电研究和应用的少数国家之一。目前，丹麦约有17%的能源来自风能、生物能和太阳能等可持续能源。根据丹麦能源署数据显示，2010年丹麦风力发电机总装机容量已达3800兆瓦，占全国总发电量的25%。

近几年来，丹麦将风能发展的重心转向海上。相比于陆上风电，海上风电有着得天独厚的优势，比如，海上风电风能资源的能量效益比陆地风电场高20%~40%，同时，海上风电有不占陆地、风速高、无粉尘排放、质量好、电量大及运行平稳等优势，并能减少机组的磨损，延长发电机组的使用寿命，非常适合大规模开发。不仅如此，根据丹麦科技大学2009年通过研究得出的结论，海上风力发电场对当地生态系统有着积极作用，它们对鱼类群落的生长非常有利，并能增加鱼的数量和多样性，这对于渔业也有积极的意义。截至2010年，丹麦海上风力发电场已达12个，海上风力发电场装机容量从2008年的423兆瓦上升到2010年的868兆瓦。2013年，丹麦宣布将建设两个最新的大型海上风力发电场。拟新建的发电场可能成为全球首个海基电网与风力涡轮机相结合的海上风力发电场。丹麦气候、能源和建筑大臣马丁曾表示："这两个海上风力发电场的建立意味着丹麦将再次跻身于世界先进风力发电国家之列。"

风电的发展有个重要的劣势就是价格高，尤其是前期购置设备投入大。根据中节能风力发电（张北）有限公司总经理邓辉的说法，华北电网收购中节能张北风力发电厂发出的电能的价格是每度0.54元，而收购火电的价格是大约每度0.38元。同样的电能，风电的价格要比火电贵出42%左右。另外，在购置发电设备的投入中，要建1千瓦的发电设备，煤电要投资4000~5000元人民币，而风电要投入超过5000元人民币。在丹麦推广风能的过程中，私人投资和风机合作社起到了非常重要的作用，有15万个家庭是风机合作社的成员，私人投资者安装了丹麦86%的风机。这种合作社的模式对于其他国家建设风力发电有很好的借鉴作用。

在欧洲的新能源发展过程中，有一个国家几乎是天马行空般地完成了新能源领域的一系列创新，在全球范围内创建了一个新的能源产业，这个国家的企业几乎主导了所有的新能源产业，无论是在太阳能、风能抑或生物能、地热能等领域，大都由该国企业主导，目前，这个国家在新能源领域的地位无人能及，它就是被公认为世界上第一个可再生能源经济体的德国。

德国是一个矿物能源资源贫乏国，国内仅有少量硬煤和褐煤，根据BP[1]公司发布的《Statistical Review of World Energy 2014》显示，德国是世界第五大能源消耗国，与加拿大相同，2013年，德国能源消耗合计325百万吨油当量（Milloin Tons of Oil Equivalent，MTOE[2]），占世界能源消耗总量的比例为2.6%，仅次于中国（22.4%）、美国（17.8%）、俄罗斯（5.5%）和印度（4.7%）。其中，德国的石油消耗量居世界第8位，达到112.1Mtoe，天然气消耗量位于世界每七位，欧盟第一位，达到75.3Mtoe，原煤的消耗量位于世界第八位，达到81.3Mtoe，德国在这三大主要能源的消耗量排名中均在前3名以外，与2008年相比，除了原油消耗量排名没变之外，其他原煤和天然气的排名均落后。然而德国的能源消耗中有一项指标是上升的，而且比重在不断增加，那就是可再生能源消耗量指标。2013年，德国的可再生能源消耗量居世界第3位，为29.7Mtoe，仅次于美国（58.6Mtoe）和中国（42.9Mtoe），德国希望到2050年，其60%的能源消耗和80%的电力消耗都来自可再生能源，这如果能实现，将极大地降低德国能源的依存度。根据BP统计的数据，2008年，德国石油的对外依存度接近100%，天然气的对外依存度高达84%，煤炭也有41%需要从国外进口。一方面，德国的石油几乎靠进口，天然气大部分靠进口，对能源形成了绝对的进口依赖，这种资源的匮乏和能源的巨大需求之间的矛盾使德国不得不考虑研发使用新能源；另一方面，能源供给安全问题、能源国家主义的威胁、能源资源耗竭、价格不断上涨，以及全球气候变化而承担的节能减排义务等外部因素进一步加速了德国发

---

[1] 1909年BP由威廉·诺克斯·达西创立，最初的名字为Anglo Persian石油公司，1935年改为英（国）伊（朗）石油公司，1954年改为现名。1973年，BP中国成立。BP由前英国石油、阿莫科、阿科和嘉实多等公司整合重组构成，是世界上最大的石油和石化集团公司之一。BP公司发布的《BP世界能源统计年鉴》是国际权威的能源类年鉴，2014年是其连续发布的第63年。

[2] 油当量（Oil Equivalent），按标准油的热值计算各种能源量的换算指标，中国又称之为标准油。1千克油当量的热值，联合国按42.62兆焦（MJ）计算。

展新能源的决心。在如此严峻的内因外压下，德国将发展新能源提高到战略的高度。

德国新能源的发展有以下几个特征，特别值得我们研究和学习。

一是加强能源立法。新能源发展，立法先行。德国政府在 2000 年 4 月废除了 1991 年开始实施的《电力上网法》，并同时通过了《可再生能源法》，这部里程碑式法律的实施，为德国可再生能源的发展扫除了障碍，它分别于 2004 年（EEG－2004）、2008 年（EEG－2009）、2011 年（EEG－2012）进行了修订，最近一次修订是在 2014 年 8 月 1 日（EEG－2014）。德国《可再生能源法》对支持可再生能源电力的发展有着极其重要的意义，它不仅仅体现了立法的精神，同时也是各利益相关方多番博弈的结果；它不仅设立了提升可再生能源电力发展的思路，而且提出了具体的要求。

这部法律的分析和设计具有机制的巧妙性、内容的系统性和操作的具体性三大特征。首先是设计机制的巧妙性，通过巧妙性的设计，取得了比生硬的规定更好的效果。比如，德国在陆上风电上网电价中引入了风电参考电量对比与补偿机制，当陆上风电机组发电量低于参考电量的 150% 时，每低于参考电量的 0.75% ，该陆上风电机组享受较高初始电价的期限便延长两个月，这一机制有效保护了由于各种可控和非可控因素造成发电量较少的风电机组可以享受较长时间的高上网电价，降低了风电投资的风险。其次是内容的系统性。比如，在 EEG－2012 中，不仅提出了中期目标，要求在 2020 年之前可再生能源在德国电力供应中的份额达到 35% ，比 EEG－2009 的要求提高了 5% ，也将德国可再生能源电力的长期目标写入了法律文件，即要求在 2030 年之前可再生能源在德国电力供应中的份额达到 50% ，2040 年之前达到 65% ，2050 年之前达到 80% 。最后是操作的具体性，通过具体性的规定，保证了操作的可行性。比如，在 EEG－2012 中，精准地规定了包括水电、风电、沼气发电、生物发电、太阳能发电、地热能发电等 10 多种可再生能源发电设施的具体上网电价，为可再生能源发电投资者创造了长期稳定的投资环境。不仅如此，在 EEG－2012 中，德国还根据可再生能源发电技术类别、电站装机规模、建设的难易程度等进行了差异化定价。例如，德国按照装机规模大小划分了 4 种屋顶光伏发电系统的上网电价，13.50～19.50 欧分/千瓦时不等，这种差异性鼓励和推动了德国小型分布式屋顶光伏系统的快速发展；再如，为了促进风电的发展，德国政府按照机组距离海岸远近和水深情况，对海上风电所享受较高初始电价的期限进行了相应延长，并且加大了对离海岸较远、水深较深的海上风电机组的支持力度。

经过 15 年的补充、发展和完善，德国的《可再生能源法》已经成为世界上其他国家可再生能源立法领域的模板。也正是基于这部法律，德国的新能源在其能源消耗总量中的比重逐年上升，并取得了 2013 年全球可再生能源消耗量第 3 位的好成绩。

二是建立并完善新能源政策体系。德国的新能源政策体系较为完善。一方面，德国政府强制要求公用电力公司购买可再生能源电力，从而奠定了全球可再生能源发展最为重要的强制入网原则，使德国可再生能源的发展进入了规模化发展阶段。另一方面，基于《可再生能源法》的核心而建立的可再生能源发电的强制购电法（Feed–In–Tariff）制度，对推动风能、太阳能、生物能等可再生能源的发展发挥了决定性的作用。根据该法案的规定，电力公司必须让风电接入电网，并以固定价格收购其全部电量；以当地电力公司销售价格的 90% 作为风电上网价格，风电上网价格与常规发电技术的成本差价由当地电网承担。随后实行的《可再生能源法》继承了这一规定，比如，根据《可再生能源法》的规定，德国陆上风电固定电价的起始电价为 0.0893 欧元/千瓦时，基础电价为 0.0487 欧元/千瓦时。从 2012 年起，每年新项目的电价在前一年基础上下降 1.5%，而修改前的电价年均降幅为 1%。此外，《可再生能源法》还建立了可再生能源发电的成本分摊制度，运营商承担可再生能源电厂到电网的接网费用，电网公司负责电网的改造、升级费用，并负责可再生能源上网电量的整体平衡，在全网范围内分摊可再生能源发电的高成本。

三是建立新能源体系中风能、太阳能的核心地位。在德国的新能源体系中，风电的地位至关重要。德国是全球最大的风电市场之一，风电设备制造业居全球领先地位。德国从 2001 年至 2007 年，连续 7 年保持风电装机容量世界第一，到 2010 年年底累计超过 25000 兆瓦，直到 2008 年、2009 年才分别被美国和中国超越。对于国土面积只有中国和美国 1/30 的国家而言，其成绩难能可贵。近年来，德国风电产业发展迅速，2013 年，德国风电新增装机容量为 3238 兆瓦，占当年全球新增风电装机总量的 9.1%，截至 2013 年年底，德国风电累计装机容量为 34250 兆瓦，占全球累计装机总量的 10.8%，居中国（累计装机容量为 91420 兆瓦，占全球累计装机总量的 28.7%）、美国（累计装机容量为 61091 兆瓦，占比为 19.2%）之后的全球第 3 位。

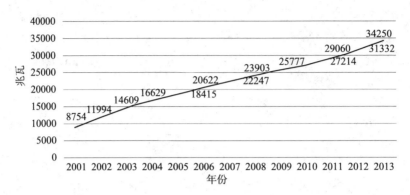

图 1 - 1 - 15　德国 2001—2013 年风电装机容量变化曲线图

德国的风电发展不仅体现在陆上风电，更体现在海上风电。根据德国政府的能源战略，海上风电已经成为德国排名第 2 位的可再生能源。不仅如此，德国政府决定在 2022 年彻底退出核能，而目前核电占德国整个能源结构的23%。如何在这么短的时间内弥补核电的缺口？这个重任只能由风电来承担。风电中，陆上风电的发展已趋向饱和，因此，海上风电重任在肩。德国的海上风电起源于 2010 年，这一年德国建成投运了第一个海上风电场 Alpha Ventus，位于 Borkum 岛西北 45 公里处的北海，装有 12 台 5 兆瓦风电机组。这项工程于 2010 年 4 月全部投入运行，8 月正式发电，是世界上第一个已并网的使用 5 兆瓦风电机组的海上风电场。

图 1 - 1 - 16　德国 ALPHA VENTUS 海上风电场

资料来源：http：//en. wikipedia. org/wiki/File：North_ Sea_ relief_ location_ map. jpg.

海上风电在德国风电中的比重逐渐增加。2013 年，德国海上风电装机容量为 240 兆瓦，累计装机容量达到 520 兆瓦。据 2013 年中国对外承包工程商会报道，迄今为止德国最大的海上风电场 BARD Offshore 1 于 2013 年正式启用。该风电场位于博尔库姆岛西北约百公里处的北海海域，园内共有 80 座 5 兆瓦级的风力发电设备，总装机容量达 400 兆瓦，全部并网发电将能满足至少 40 万居民的用电需求。该风电场由下萨克森州埃姆登的风电园企业 Bard 公司建造，该公司采用了自己特有的地基设计理念，使每个风力发电设备都稳固地建在"三只脚"的底座上。这是迄今为止世界上最大、距岸最远、涉水最深的海上风电场，大约能够提供德国海上电力生产的 80%。

同时，德国风电机组的单机容量名列榜首。2013 年德国海上风电装机的风电机组平均单机容量为 5 兆瓦，叶轮直径为 126 米，轮毂高度为 90 米。

2014 年，德国海上风力涡轮机安装量达到 543 台。

德国政府预计到 2020 年的海上风电发展目标为 6500 兆瓦，2030 年的目标直指 15000 兆瓦。

德国的太阳能光伏发展也首屈一指。德国政府是光伏行业的先驱，德国的太阳能光伏发展始于"千屋顶计划"。该计划制定于 1989 年，于 1990 年实施，政府为每位安装太阳能屋顶的住户提供补贴。该计划意在获取安装太阳能设备的经验，使新住房与可再生能源发电需求兼容，并鼓励民众消费太阳能。德国从 1990 年开始就投入大量的人力物力推动其发展，是第一个推出"上网电价"政策的国家，对太阳能光伏发电补贴额度极高，这促使德国在 2001—2010 年新增装机量年复合增长率高达 169%。

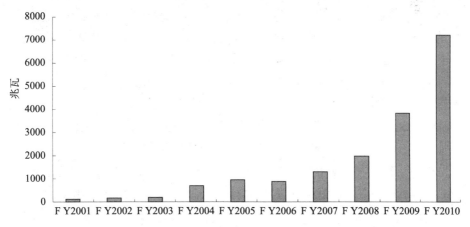

图 1-1-17 德国在 2001—2010 年新增装机量年复合增长率

资料来源：http：//solar. ofweek. com/2015 - 01/ART - 260009 - 8130 - 28929384. html.

1.2.4　低碳的生活方式

英国能源问题专家安德鲁·斯皮德曾经说过："在全世界任何一个地方，建设低碳经济面临的一个主要障碍就是个人不愿意改变浪费能源的生活方式和习惯——我们习以为常的舒适与富足的生活都是建立在过度消费能源的基础上的。"在积极倡导低碳行为方面，不但英国官方身体力行，一些非政府绿色组织（NGO）在促进社会节能习惯养成方面也发挥了重要作用。其以多种方式提供和传播低碳经济的信息和知识，引导人们改变以往的生活方式。英国的公益广告有不少都是关于低碳经济的，如"充电器不用时拔下插头每年能节约 30 镑""换个节能灯每年能省 60 镑"等。英国政府在潜移默化中引导民众逐渐改变传统的生活方式，使低碳消费日益深入人心，成为一种社会习惯。

日本也是如此。2006 年东京都政府引入并实施了能效标准标识制度，通过这一制度，日本的单位 GDP 能耗出现了滑坡式的下降，对日本的节能减排做出了不可估量的贡献。

日本早在 1979 年就颁布实施了《关于能源使用合理化的法律》，这部法律在从开始实施到 2009 年的 30 年时间里进行了 7 次修订，最终成为指导日本节能工作的基本法。尤其是 1998 年，日本在修订这部法律时引入了"领跑者制度"，要求所有新开发的汽车、家电等节能性必须超过现在同类产品，这极大提高了能源利用率，降低了能耗。正是由于这种制度，日本在从 1973 年到 2003 年的 30 年时间里，能源利用效率提高了 37%。不仅如此，日本还将隶属于经济产业省的资源能源厅作为指导全社会节能的管理机构，通过日本节能中心和新能源产业节能技术综合开发机构来保证这部法律的顺利实施。

日本通过立法实施能效标准标识，这推动日本成为目前世界上单位 GDP 一次能源消费量最少的国家。重要的是，其在第 3 次修订立法中增加了一项非常重要的节能管理措施，即领跑者制度，并于 1999 年实施。目前领跑者制度已经成为世界上最为成功的节能标准标识制度之一。所谓的"领跑者"，是指汽车、冰箱、空调等产品生产领域能源消耗最低的行业标兵。日本政府把这些产品的现有最高节能标准作为行业标杆，强制要求其他企业向其看齐。

通过法律制度的严格要求，节能在日本深入人心。在日常工作生活中，处处可见日本的节能行为。日本自 2005 年起，每年会在夏天开展"清凉商务装"（COOLBIZ）活动，日本首相和内阁官员率先在上下班时穿清凉装。根据日本政府的规定，6 月初至 9 月底期间，全体政府职员均脱下西服外套和领带，实现清凉上班。2009 年东京都政府推行了能源诊断员制度，旨在培养一批能够为单个家庭提供节能潜力评估、节能方案制定服务的专职人员，以促进家庭节能。日本还推广白炽灯与低能耗日光灯更换计划，在不影响光照效果的情况下，每年可节约成本 1850 日元。"天妇罗"是日式料理中的油炸食品，在日本家喻户晓，这种菜需要用大量的油来炸蔬菜或鱼等肉类，之前都是油用过一次便倒掉，造成日本的食用油消费量非常大。为了节能，东京庆樱大学商学部的几名学生在老师的带领下，发起了一个研究食用油回收的商业项目。这个项目首先由项目成员在学校附近居民区与商家谈妥，制作一种名为"皮尤卡"的环保打折卡，然后项目的其他成员在居民区的固定地点回收用过的食用油，凡是送油的居民都可得到一张打折卡，到该区商业街购物时可以享受 9 折优惠。将这种方法在全日本推广后，日本的食用油消费大幅降低，既节约了生活成本，又保护了环境，一举两得。

2 低碳经济——中国经济的必然选择

2.1 中国经济的发展现状

从 1978 年的改革开放时中国的 GDP 为 2164.60805 亿美元、人均 GDP 为 378.7 元，到 2014 年的 36 年间，中国的经济保持了 9% 的经济增长率，这使得中国 2014 年的 GDP 达到 99255.4 亿美元，居全球第 2 位，人均 GDP7261.58 美元，居全球第 79 位，取得了全球瞩目的成就。国际货币基金组织统计数据显示，2008—2012 年，中国经济年均增长 9.3%。5 年间，中国经济净增量占全球经济净增量的 29.8%。2012 年，中国经济增长 7.8%，GDP 折美元比上年净增 9050 亿美元，占当年全球净增量的 60.9。❶ 中国已经成为全球经济发展的引擎。

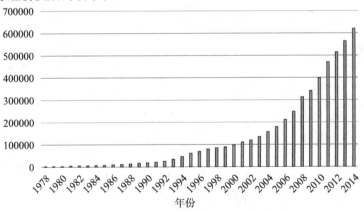

图 1-2-1 1978—2014 年中国 GDP 数据（单位：亿元）

资料来源：世界经济信息网。

---

❶ "中国对世界经济贡献'清单'"，载新华网，http://news.xinhuanet.com/fortune/2013-09/05/c_117242532.htm。

但是，中国这30多年的经济增长是一种粗狂式的增长，这种经济增长方式是基于大量的能源消耗。根据2014年BP发布的能源统计年鉴，中国仍是全球最大的能源消耗国，占全球消费量的22.4%及全球净增长的49%。2013年中国能源消费增长4.7%，虽低于8.6%的10年历史平均水平，但按量值计算超过了澳大利亚能源需求的总量。中国消耗了全世界将近一半的煤，单位GDP能耗是世界平均水平的2.5倍，不仅远高于西方发达国家（单位GDP消耗是美国的3倍多，是日本的7倍），也高于墨西哥、巴西等发展中国家，而能源的有限性和不可再生性必然会导致这种模式的经济增长具有不可持续性。能源直接关系到国家经济安全、生态环境保护和人民生活质量，已成为制约我国经济社会发展的最重要的问题之一，因此，中国的经济增长必须解决"能源依赖""能源高耗"等问题，使这种增长更"干净"，更"持久"。

图1-2-2　中国煤炭消耗占全球一半

资料来源：http://finance.qq.com/a/20130709/012849.htm.

2.2　中国经济可持续发展与低碳经济

从人类历史发展的经验来看，经济发展与生态环境之间具有某种矛盾性，而这种矛盾在国家的发展初期愈发明显。中国也不例外。一方面，低碳经济不仅要求国家资源消耗结构、生产结构的转变，同时也要求产业结构的调整，而且是根本的、彻底的、脱胎换骨的调整，这必然要求进行制度的创新、生产的创新和技术的创新，但是在自新中国成立以来将近60年的时间里，中国一直采用的就是"保增长、促生产"的发展制度，在这种制度下形成的工业发展一直也是采取高碳模式，转变经济增长模式对于中国的发展而言必然还要倾注很大的心血，而这么长时间的高碳经济发展模式使得中国在环境、资源和能源方面都付出了很大的代价，中国经济的发展已经陷入了环境保护与经济发展的巨大矛盾之中。另一方面，低碳经济模式对于中国经济的发展来说是一种必然的选择，是顺应全球经济发展的大潮流，同时也能够通过对环境的保护，使得绿色经济发展和中国的经济模式转变相适应，使得我国的经济实现可持续发展。因此，减少污染排放，减少能源消耗，提高能源的使用效率，转变发展思路，这对于中国这样一个既要保证合理的发展水平又要保证发展的质量的国家来说，无疑具有十分重大的意义。

2.3 中国发展低碳经济面临的挑战

2.3.1 能源结构

我国现有的能源结构极不合理。"富煤、少气、缺油"的资源条件决定了中国能源结构以煤为主，一次性能源的 69% 依靠煤炭，全球平均水平才24.2%，低碳能源资源的选择有限。电力中，水电占比只有 20% 左右，火电占比达 77% 以上，"高碳"占绝对的统治地位。据计算，每燃烧 1 吨煤炭会产生 4.12 吨的二氧化碳气体，比石油和天然气每吨多 30% 和 70%，而据估算，未来 20 年中国能源部门电力投资将达 1.8 万亿美元。火电的大规模发展对环境的威胁不可忽视。

中国一直在试图改变这样的能源结构。

（1）压缩煤的消耗。

煤的过度开采和消耗是导致我国环境问题的一大元凶，因此，中国一直在想方设法降低煤在能源中的消耗比例。2013 年，全年完成煤电投资同比下降 12.3%，占电源投资的比重降至 19.6%；年底装机 7.9 亿千瓦，占比降至63.0%，同比降低 2.6 个百分点；发电量同比增长 6.7%，占比为 73.8%，同比降低 0.6 个百分点。

（2）大力发展清洁能源。

① 水电。我国河流众多，包括长江、黄河、金沙江、雅砻江、大渡河、乌江、红水河、澜沧江和怒江等大江大河，是世界上河流最多的国家之一。据统计，中国流域面积超过 1000 平方千米的河流就有 1500 多条。而中国的河流大都为高山峡谷，落差巨大，水能资源非常丰富，同时水库淹没损失相

对较小，开发利用条件好，有利于建成大型水电基地。据不完全统计，我国水电理论蕴藏量6.94亿千瓦，技术可开发量5.42亿千瓦，均居世界第1位。截至2014年年底，我国水电总装机容量突破3亿千瓦，约占全球水电装机总量的1/4，居世界第1位，占全国电力总装机规模的22.1%，但与欧美日等发达国家相比，我国水能资源利用率低，浪费严重。

中国的水电发展主要呈现以下几个特点：

第一是水能分布不均匀，与地区经济发展程度和用电量相悖。

有一种说法叫"世界水电在中国，中国水电在西南"，我国水能资源主要集中在西南云、贵、川、渝、藏5个省区，占全国水能资源75%以上，仅云南、四川两省就占全国一半以上。西南水力资源主要富集在长江上游、金沙江、雅砻江、大渡河、乌江、澜沧江等大型河流上，是水电发展的核心区域。另外，国家规划的13个水电基地2.7亿千瓦装机容量中，有8个水电基地约2亿千瓦装机容量在西南地区。从全国水力资源理论蕴藏量上来看，东部占4.5%，中部占8.6%，西部占86.9%；从全国技术可开发装机容量上看，东部占4.9%，中部占13.7%，西部占81.5%；从全国经济可开发装机容量上看，东部占6.2%，中部占17.6%，西部占76.2%；从全国已开发、正开发装机容量上看，东部占12.4%，中部占37.5%，西部占50.1%。然而从用电量来看，2013年，东部地区用电量占全国总用电量的54.7%，中部占19.3，而西部占26.0%，明显不一致。

第二是规划不合理，对生态破坏严重。水电虽然发展迅猛，但出现的"跑马圈水""未批先建""遍地开花"以及干支流"齐头并进"等无序行为对当地的环境造成了严重干扰。混乱的、不科学的水电开发使天然江河渠道化，生境破碎，水环境问题突出，对水生生态和陆生生态造成了无可挽回的不利影响。水库淹没和移民安置不当，导致了一系列社会问题和次生环境问题。

② 风电。根据我国的规划，将把内蒙建成"风电三峡"。横跨中国"三北"的内蒙古自治区，过去20年里持续推动风电等清洁能源开发利用，其建设中国"风电三峡"的蓝图如今已经实现。

内蒙古地广人稀，风能分布广、稳定性好，是中国陆上风能资源最丰富的地区。中国风能协会等部门的测算数据显示，内蒙古的风能可开发量超过1.5亿千瓦，约占中国陆上风能可开发总量的50%以上。

中国国家电网内蒙古东部电力有限公司发展策划部副主任贾海清介绍说，截至2015年4月末，内蒙古东部地区的并网风电装机已经达到820万千瓦，占地区电力装机总量的34%，在全国处于领先水平。蒙西地区的风电开发同样取得了长足进展。内蒙古电力（集团）有限责任公司发展策划部副部长郭向伟说，截至2015年4月末，内蒙古西部电网的并网风电装机已经达到1274万千瓦，占电网统调机组总容量的24.8%，每天向包括北京在内的华北地区输送着绿色能源。

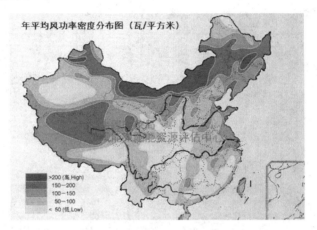

图1-2-3 中国年平均风功率密度❶分布图

资料来源：能源观察网——中国气象局风能太阳能评估中心。http：//news. bjx. com. cn/html/20140728/531688. shtml。

随着新建的一些风电项目陆续投入运营，预计到2015年年底，蒙东和蒙西地区的并网风电装机总容量将达到2298万千瓦。相比之下，目前全球最大的水电站——中国三峡水电站的装机规模也只有2250万千瓦。

③太阳能。

中国是名副其实的太阳能制造业大国，这不仅体现在光伏产业，也包括光热产业。有数据显示，经过20多年的发展，中国太阳能集热器保有量占到全球的76%，即太阳能光热产业位列世界第一，成为除水电之外全球减排贡献量最大的产业。

2.3.2 经济发展模式

我国目前正处于工业化中后期到后期的经济发展阶段，在产业模式上仍然以重化工为主导，而且大规模的基础设施建设不可避免，能源消费的持续

---

❶ 风功率密度是指与风向垂直的单位面积中风所具有的功率，数值取自风机监控系统采集的给定时间周期内的平均值，其单位为 W/m^2；在国际上，通常将其分为7个等级。

增长将成为一个趋势。据统计，目前我国能源消费中，煤、石油等不可再生能源占能源消费比重的90%以上。首先，低碳经济发展模式要求我国的这种能源消耗结构得到彻底的改变。这不仅意味着我国的煤炭企业、研究煤炭生产技术的相关企业和以煤炭为主要生产能源的相关企业都面临一次彻底的技术改造，而且与煤炭企业相关的生产企业、加工企业、居民的消费习惯等都要进行彻底改变，才能使得以煤炭为中心的能源结构变成以低碳能源为主的结构。另外，改革的过程中需要很大的制度创新和技术创新，这种创新对于新兴企业、新能源企业而言很简单，但对于已经发展多年的企业来说是一次十分艰难的转变，涉及整个企业原材料的采购、产品的生产、人员的培养、习惯的改变等方方面面，如果这些问题处理不好，低碳经济的发展就会受到阻碍，就会陷入艰难的境地。其次，我国当前正处于城市化建设和工业化发展的飞速进步时期，在发展的过程中高碳气体的产生是不能避免的，大规模的城市化建设和工业发展是我国经济发展不可或缺的，这直接影响到中华民族的伟大复兴和国家的长治久安，从这个层面来说，在现有条件下推行低碳经济的发展模式和我国的经济发展存在根本上的利益冲突。然而低碳经济模式的推行是世界趋势，是改变我国生态环境的必然选择，低碳经济的实行不可避免，经济发展缓慢甚至不发展不是我们想看到的，但由于经济发展而导致的环境恶化、人民身体健康的损害也不是我们想得到的，这种矛盾处理不好，就会使得我国经济的发展陷入两难之中。

2.3.3 对外贸易

从1980年以来，我国的对外贸易额呈稳步上升趋势，进出口商品总额取得了巨大的进步。除了2008年金融危机造成2009年进出口总额下降之外，其他年份都是呈上升趋势，并且在2013年成功超越美国，成为全国第一大进出口总额贸易国，而且是第一大全球二氧化碳排放国。

然而一个不容忽视的问题是，中国在国际贸易分工中处于产业链的底端，大量的能源和温室气体排放随出口产品间接出口。可以证明的一点就是中国虽然是碳的最大生产国，却并不是碳排放的最大消费国。根据2014年5月15日发布的《中国低碳经济发展报告2014》显示，2009年全球碳排放量是28850百万吨，尽管中国的碳排放占比最高，但从消费的角度来看，北美则是碳消费的最大地区，占全球碳消费总量的23%，比中国的占比高3%，这就意味着中国的碳排放有接近3成来自其他国家的消费，而欧元区和北美碳排放的33%和17%是在地区外生产排放的。如果从人均消费量来看，北美等

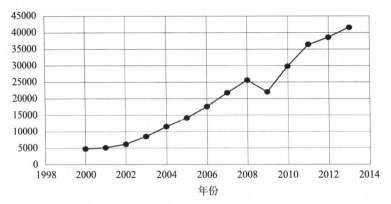

图 1 - 2 - 4   2000—2013 年中国进出口贸易总额

资料来源：国际贸易基金组织。

发达地区 1 个人的碳消费排放相当于中国 4 个人的碳排放或 BRIIAT 地区❶ 6 个人的碳排放。

从这个意义上来说，中国如果降低了自己的对外贸易比例，自然会减少碳的排放，但是这必然会影响中国的经济发展，是一个两难的选择。

2.3.4　社会成本

建设低碳经济，实现绿色发展，首先需要降低城市工业、交通、建筑等能耗，这需要中国在减排问题上付出很大的代价。根据我国确定的减排目标，到 2020 年，我国单位 GDP 能耗比 2005 年降低 40% ~ 60%，单位 GDP 的二氧化碳排放降低 50% 左右，而这就意味着在从 2010 年至 2020 年的 10 年间，每年需要的新增投资大致在 780 亿美元左右，为实现此目标，额外付出的成本大概占 2020 年当年 GDP 的 1.2%（基于 2005 年不变价）。❷ 另外，与国外尤其是欧洲国家不同，在中国发展低碳经济和建设低碳城市主要靠政府主导，由于节能项目不是企业的主业，项目投资规模不大，投资机构对此缺乏兴趣。许多与能源相关的服务机构在寻找投资时，银行并不给予支持。资金问题无法有效解决，其他建设也就无从谈起。另外，节能减排、发展新能源产业等低碳措施会导致一些能耗高、技术低的企业被淘汰，这会增加企业的投入，影响企业的效益，同时也会涉及职工下岗再就业的问题，比如"十一五"规划中淘汰落后产能、关闭小火电时就涉及了 40 万人的下岗再就业问题，假如

---

❶ BRIIAT 指澳大利亚、俄罗斯、印度等其他重要国家组。
❷ 参见国际先驱导报有关中国的哥本哈根难题的报道。

在美国、欧盟有 40 万人的就业受到影响，很多举措根本就推动不下去。因此，如果对社会资源的再分配不合理，群众的生产、就业问题不能妥善处理，在中国如此复杂的国情下，将会触发一系列的地方群体性事件甚至社会动荡，如果出现这些问题，中国的发展会面临极大的危险。

2.3.5　城市化和工业化

目前，中国正处于工业化和城市化的关键时期，全国各地的工业生产和城市建设如火如荼，中国的城市人口也在 2011 年首次超过农村人口，中国的城市化率从 2000 年的 36.22% 上升到 2013 年的 53.7%。

表 1－2－1　中国 2000—2013 年的城市化率

年份	城市化率（%）
2000	36.22
2001	37.66
2002	39.09
2003	40.53
2004	41.76
2005	42.99
2006	43.9
2007	44.94
2008	45.68
2009	46.59
2010	47.5
2011	51.27
2012	52.57
2013	53.7

资料来源：国家统计局。

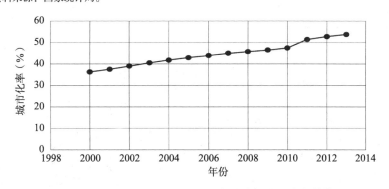

图 1－2－5　中国 2000—2013 年城市化增长变化趋势

资料来源：国家统计局。

中国的工业化发展同样迅速。有专家预计，中国将在 2020 年左右完成工业化，而现在中国正处于后工业化时期，这个时期对中国能否顺利完成工业化至关重要；同时也要清醒地认识到，工业化过程中中国铺摊子、上项目，以消耗大量资源、污染环境为代价的粗放式发展道路已没有多少空间了，中国必须逐步调整其经济发展方式，这种转变是一个漫长的过程，不可能一蹴而就。

图 1-2-6　中国的工业化逐步发展

资料来源：http://www.ce.cn/cysc/newmain/jdpd/zjxw/200908/11/t20090811_ 19565388_ 2.shtml.

同时，通过研究各发达国家的工业化和城市化的历史，我们发现，所有国家的城市化和工业化基本上是同步进行的。城市化关系到人口和土地的数量及质量、经济的发展速度和水平等方方面面的内容。城市人口的大量增加和集中，需要有能满足人们生产生活的相配套的城市设施，而维持一个城市系统的平稳运转需要大量的能源来保障。随着我国国力的增强和人民生活水平的提升，人们日益追求高质量的生活，因此在生活方面消费的资源必然越来越多，而这又会增加碳的排放。世界各国的发展历史和趋势表明，人均二氧化碳排放量、商品能源消费量和经济发达水平有显著正相关关系。

中国的工业化进程，伴随着经济增长方式粗放、能源结构不合理、能源技术装备水平低和管理水平相对落后等特征，单位 GDP 能耗和主要耗能产品能耗都高于主要能源消费国家平均水平，未来到中国工业化完成，中国的能源消费和二氧化碳排放量必然还要持续增长，减缓温室气体排放将使中国面临开创新型的、可持续性的、绿色的发展模式的挑战。

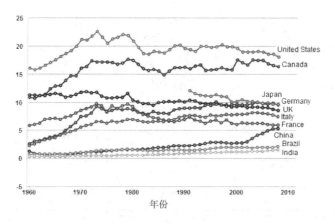

图1-2-7 世界主要国家人均二氧化碳排放量对比

资料来源：世界银行。http://finance.sina.com.cn/stock/usstock/c/20120611/214012282876.shtml。

2.3.6 科技水平

根据《联合国气候变化框架公约》❶ 规定，发达国家有义务向发展中国家提供技术转让，而且从历史责任的角度来看，这种转让不是一种施舍，而是发达国家在发展过程中必须要偿还的历史债务，但实际情况与之相去甚远。首先，西方对中国的技术转让壁垒不可能使其得到最新的低碳技术，中国只能依靠商业渠道引进。据估计，以2006年的GDP计算，中国由高碳经济向低碳经济转变，年需资金250亿美元。❷ 这样一笔庞大的投资，对于中国这样一个人口众多、尚不富裕的发展中国家而言是不可承受的。其次，发达国家凭借其资金优势、技术优势、国内相对完善的低碳市场环境，在低碳经济的国际竞争中占据相当有利的条件，中国需要由60多种关键骨干技术组成的技术体系来支撑节能减排，包括能源生产、供给、使用的技术，其中40多种是不掌握核

---

❶ 《联合国气候变化框架公约》（*United Nations Framework Convention on Climate Change*，简称《框架公约》，英文缩写UNFCCC）是1992年5月22日联合国政府间谈判委员会就气候变化问题达成的公约，于1992年6月4日在巴西里约热内卢举行的联合国环发大会（地球首脑会议）上通过。《联合国气候变化框架公约》是世界上第一个旨在全面控制二氧化碳等温室气体排放，以应对全球气候变暖给人类经济和社会带来不利影响的国际公约，也是国际社会在应对全球气候变化问题上进行国际合作的一个基本框架。

❷ 参见新华网，http://news.xinhuanet.com/fortune/2009-08/26/content_11945270.htm。

心技术的，需要国际合作或者发达国家的技术转让，而借助 CDM❶ 机制的技术转让仍存在众多问题。例如，我国的风电设备制造业由于未掌握核心技术，风电市场的经济利益的大部分一直被外国公司瓜分。另外，节能减排技术市场的不规则和信息的不对称导致一些节能服务企业服务能力、节能检测能力不足等，这都使得节能减排项目很难开展。再次，发达国家为保持其在低碳经济中的有利地位，通过设置碳关税等绿色贸易壁垒，限制发展中国家的经济发展。例如，在哥本哈根会议谈判期间，欧洲和美国分别提出，如果要求中国减排的要求中国不答应，欧美就从单边采取贸易制裁措施，就是要设立碳关税，美国要搞边境调节税，根据中国或者发展中国家进口到美国的产品在生产过程中的碳足迹❷、整个生产过程中排放二氧化碳的过程来确定收税的比例。无论是"碳足迹"还是"碳关税"，虽然能够促进低碳经济的发展，但究其本质都是"以环境保护之名，行贸易保护之实"，目的就是制衡包括中国在内的发展中国家，并寻找下一轮引领世界经济潮流的新增长点。

图 1-2-8　碳关税的本质是贸易保护

资料来源：http://env.people.com.cn/GB/146189/175118/175465/175814/.

2.3.7　认识误区

我国个别地区对发展低碳经济存在认识上的误区，影响了低碳经济在全国范围内的实施。一些地区担心实施低碳经济影响招商引资，因而对其持抵

---

❶　CDM 即清洁发展机制（Clean Development Mechanism），是《京都议定书》中引入的灵活履约机制之一。其核心内容是允许附件 1 缔约方（即发达国家）与非附件 1 缔约方（即发展中国家）进行项目级的减排量抵消额的转让与获得，在发展中国家实施温室气体减排项目。

❷　碳足迹标签又称碳标签，是指把商品在生产过程中的温室气体排放量于产品标签上用量化的指数标示出来，以标签的形式告知消费者产品的碳信息，从而引导消费者选择更低碳排放的商品，最终达到减排的目的。

触态度；有的地区将低碳经济与发展新能源设备制造业混同，没有认清低碳经济的实质；还有的地区认为发展低碳经济就是政府投入、节能减排，缺乏积极性，忽视了低碳经济所蕴含的巨大商机；还有一些地方的低碳仅仅是一个帽子，是一个噱头，没有实际内容，还有不少城市正在加入打造"低碳城市"名片的行列。然而"低碳"不是一蹴而就的。据不完全统计，中国目前至少有 100 个城市提出了打造"低碳城市"的口号，所有省份都有城市名列其中。但实际上，在继 2008 年年初 WWF 在北京启动"中国低碳城市发展项目"并将上海、保定选为首批试点城市之后，以及 2010 年 8 月国家低碳省和低碳城市试点工作正式启动后，也只有广东、辽宁、湖北、陕西、云南 5 省和天津、重庆、深圳、厦门、杭州、南昌、贵阳、保定 8 市入围。实际上，根据国家发展和改革委员会能源研究所的研究员姜克隽的说法，"我国并没有一个真正意义上的低碳城市"。目前很多进行低碳建设的城市只是采取了低碳的行动，还达不到建设低碳城市的水平，甚至有些城市因"低碳经济区"或"再生能源经济区"等的大量兴建，造成有些地区的光伏、多晶硅等产业产能过剩，如此来看，认识的误区会导致行动与我们的目标完全相悖。

2.3.8　意识淡薄

图 1-2-9　中国的塑料袋消耗严重

资料来源：http://news.sina.com.cn/c/p/2009-03-02/210117320023.shtml.

人们低碳消费意识淡薄，没有养成良好的节能减排的消费习惯和生活方式。无节制地使用塑料袋，是多年来人们盛行的便利消费的最典型嗜好之一。据科技部《全民节能减排手册》计算，全国减少 10% 的塑料袋，可节省生产塑料袋的能耗约 1.2 万吨标煤，减排 31 万吨二氧化碳。然而实际上，中国也是全世界最大的塑料废品进口国，这自中国 2008 年开始实施限塑令以后也没有发生改变，限塑令实行以后，中国每年仍会生产 150 亿个一次性餐盒，限塑令变成了一纸空文。塑料本身属于石油加工的附属品，增加塑料袋的使用必须会增加碳的排放。人们开车过程中形成的快速启动和急刹车等不良习惯只能节省 4% 的时间，而燃料消耗却会增加 39%，一些有毒物质排放则会增加 5 倍以上。再如，在饮食上，要限制每天的肉食消费量。据联合国政府气候变化专门委员会指出，畜牧业排放的温室气体占世界总量的 18%，高于交通部门的 13%，与工业部门的 19.5% 持平。❶

2.4 对中国发展低碳能源的相关建议

（1）加快发展清洁能源发电。

加快发展清洁能源发电已成为我国能源电力发展的重大战略选择。对此，建议如下：一是深化总体战略研究，统筹规划清洁能源发电。增强水电、核电、天然气发电以及新能源发电等清洁能源发电的规划协调性，保障规划与国家财政补贴额度、环境保护要求、经济社会电价承受能力以及电力系统消纳能力等相关因素相协调。二是健全完善相关管理制度和技术标准。完善相关技术标准，加强清洁能源发电设备制造、建筑安装、生产运行、退役后处理等全过程环保标准的完善与监督；加强清洁能源发电并网制度管理，严格执行并网技术规定；统筹规划、逐步开展核电标准建设工作，逐步建立并完善与国际接轨的国内核电技术标准体系。三是加快完善并落实促进分布式发电发展的相关政策措施。创新分布式发电商业模式，构建以电力购买协议为载体，由投资者、开发商和中小用户参与的第三方融资/租赁合作平台，进一步破除分布式发电融资障碍；进一步制定和落实分布式光伏发电的电费结算、补贴资金申请及拨付的工作流程，确保光伏发电补贴及时足额到位；完善天然气分布式发电电价及补贴政策。四是健全资金筹集机制和进一步完善财政税收扶持政策。拓宽清洁能源发电发展基金来源渠道，适度增加政府财政拨款额度，建立完善捐赠机制，推广绿色电力交易机制；加大财政资金对科技开发特别是基础研究的投入；对清洁能源产业制定明确的税收优惠政策；鼓励金融机构对清洁能源发电特别是分布式清洁发电项目融资贷款，并给予多

---

❶ "高碳能源条件下发展'低碳经济'的策略"，载《经济参考报》2009 年 8 月 26 日。

方面优惠。五是推行绿色电力交易。实施居民和企业自愿认购绿色电力机制，作为电价补贴机制的重要补充。六是鼓励清洁能源发电科技创新，降低发电成本。为力争 2020 年前实现风电上网电价与火电平价，2020 年实现光伏发电用户侧平价上网，积极开展风电、光伏发电等领域的基础研究、关键技术研发，进一步降低发电成本。

（2）加快制定实施电能替代战略规划。

为贯彻落实国务院《大气污染防治行动计划》，尽快解决我国严重雾霾天气问题，需要加快实施电能替代工程。对此，建议如下：一是国家尽快研究制定电能替代战略规划，出台电能替代产业政策。以电能替代战略规划统筹指导实施"以电代煤"和"以电代油"工程，提高全社会电气化水平，不断提升电能占终端能源消费的比重。二是加快在工业、交通运输业、建筑业、农业、居民生活等主要领域实施电能替代工程。在工业和民用领域推广"以电代煤"，降低散烧煤应用范围，提高煤炭转化为电力的比重。在城市交通领域，大力推动城市电动汽车、电气化轨道交通的研发和应用，推广新建小区建设电动汽车充电桩。三是加快调整电源结构和优化电源布局。积极有序发展新能源发电，在确保安全的前提下加快核准开工一批核电项目，加快西南水电基地开发以及西部、北部大型煤电基地规模化和集约化开发，通过特高压等通道向东中部负荷中心输电，提高东中部接受外输电比例，实现更大范围的资源优化配置和环境质量的结构性改善。四是通过市场机制和经济手段促进节能减排，深化电力需求侧管理，推行合同能源管理，推进发电权交易和大气污染物排污权交易。五是提高电力企业环保设施运行维护管理水平，发挥好现有环保设施的污染物控制能力。

（3）加快解决"三北"基地不合理"弃风"问题。

2012 年以来全国并网风电设备利用率稳步提高，但"三北"基地"弃风"问题仍然存在。对此，建议如下：一是坚持集中与分散开发相结合、近期以分散为主的风电开发方针。分散开发应该成为近中期风电开发的侧重点，集中开发要以确定的消纳市场和配套电网项目为前提，因地制宜地稳妥开发海上风电。二是切实加强统筹规划，健全科学有序发展机制。科学制定全国中长期总量目标，立足电力行业总体规划来深化统筹风电专项开发规划，坚持中央与地方规划相统一，健全完善国家规划刚性实施机制。三是切实加强综合协调管理，提高政策规划执行力。科学制定项目核准流程规范，强化规划执行刚性；建立风电项目和配套电网、调峰调频项目同步审批的联席会议制度，建立项目审批与电价补贴资金直接挂钩制度；加快跨区通道建设，加快核准和超前建设包括特高压输电工程在内的跨区跨省通道工程，尽早消纳现有"三北"基地风电生产能力；尽早建立健全调峰调频辅助服务电价机制；科学制定各类技术标准和相关管理细则。

（4）加快解决东北区域发电装机富裕问题。

东北地区电力供应能力长期富余，随着辽宁红沿河核电厂等项目陆续投产，电力供应富余进一步增加，发电企业经营困难加剧。对此，建议如下：一是国家对东北电力富余问题开展专题研究，提出消纳东北富余电力的方案和措施；二是"十二五"期间应严格控制区域内包括煤电、风电在内的电源开工规模，以集中消化现有电力供应能力。

（5）加快理顺电价、热价形成机制，促进解决云南等水电大省煤电企业及北方热电联产企业长期普遍亏损问题。

我国已经进入电价上涨周期，要立足于电力市场化改革顶层设计，加快推进电价机制改革，更多采用市场机制调节电价，减少行政干预：一是加快发电环节两部制电价改革。尽快研究云南等水电大省的煤电价格形成机制，解决这些地区煤电企业持续严重亏损、经营状况持续恶化而面临的企业生存问题；加快理顺天然气发电价格机制。二是加快形成独立的输配电价机制，稳妥推进电力用户与发电企业直接交易。国家有关部门应加大市场监管力度，对地方政府行政指定直接交易对象、电量、电价以及降价优惠幅度等行为及时纠正和追责。三是针对华北、东北及西北地区热电联产企业供热连年大面积亏损的实际困难，建议有关部门应出台分区域供热价格指导政策，对供热亏损较大的地区按照成本加成原则重新核定热价，并执行煤热价格联动机制；对热价倒挂严重、亏损严重的供热企业予以政策支持和财税补贴，以保障企业的正常生产经营，确保迎峰度冬期间安全稳定供热。

（6）加快完善大气污染物特别排放限值相关政策措施。

根据国家2013年2月发布的《关于执行大气污染物特别排放限值的公告》，要求重点控制区域（19个省的47个城市）主城区的燃煤机组自2014年7月1日起执行特别排放限值，非主城区的燃煤机组在"十三五"期间执行特别排放限值。电力企业普遍反映，执行特别排放限值在技术、工期、经济等方面存在诸多难以克服的困难。对此，建议如下：一是由国家有关部门共同研究提出能够满足特别限值要求的指导性技术路线和更为科学的监督考核要求。二是相关部门继续完善特别排放限值地区的现役燃煤机组综合环保电价，针对新建机组执行特别限值而增加的成本支出应相应调整电价。三是统筹安排停机改造时间，避免停机改造影响到电力平衡问题，对于确因客观原因、在限期前不能完成环保改造的机组，顺延实施。四是对重点地区环保技改工程提供环保专项资金和贷款贴息补助。

3 低碳经济的基本理论

3.1 低碳经济的内涵

3.1.1 低碳经济的来源

"低碳经济"（Low – Carbon Economy）最早见诸政府文件是在 2003 年的英国能源白皮书——《我们能源的未来：创建低碳经济》中。作为第一次工业革命的先驱和资源并不丰富的岛国，英国充分意识到能源安全和气候变化的威胁，它正从自给自足的能源供应走向主要依靠进口的时代，按目前的消费模式，预计 2020 年英国 80% 的能源都必须进口。同时，气候变化已经迫在眉睫。

2006 年，前世界银行首席经济学家尼古拉斯·斯特恩牵头做出的《斯特恩报告》指出，全球以每年 GDP 1% 的投入，可以避免将来每年 GDP 5%~20% 的损失，呼吁全球向低碳经济转型。

2007 年 7 月，美国参议院提出了《低碳经济法案》，表明低碳经济的发展道路有望成为美国未来的重要战略选择。

2007 年 12 月 3 日，联合国气候变化大会在印尼巴厘岛举行，15 日正式通过一项决议，决定在 2009 年前就应对气候变化问题新的安排举行谈判，制定了世人关注的应对气候变化的"巴厘岛路线图"。该路线图为 2009 年前应对气候变化谈判的关键议题确立了明确议程，要求发达国家在 2020 年前将温室气体减排 25%~40%。"巴厘岛路线图"为全球进一步迈向低碳经济起到了积极的作用，具有里程碑的意义。

联合国环境规划署确定 2008 年"世界环境日"（6 月 5 日）的主题为"转变传统观念，推行低碳经济"。

2008 年 7 月 G8 峰会上，8 国表示将寻求与《联合国气候变化框架公约》

的其他签约方一道共同达成到 2050 年把全球温室气体排放减少 50% 的长期目标。

系统地谈论低碳经济，还应追溯至 1992 年的《联合国气候变化框架公约》和 1997 年的《京都协议书》。

3.1.2 概念

英国在《我们未来的能源：创建低碳经济》的白皮书中指出，低碳经济是通过更少的自然资源消耗和更少的环境污染，获得更多的经济产出；低碳经济是创造更高的生活标准和更好的生活质量的途径和机会，也为发展、应用和输出先进技术创造了机会，同时也能创造新的商机和更多的就业机会。然而《我们未来的能源：创建低碳经济》中并没有给出这一新名词的明确界定。如何理解低碳经济？低碳经济是一种发展模式吗？抑或是一种发展形态？对此，不同的人在不同的角度有着自己的见解。

庄贵阳认为，低碳经济的实质是能源效率和清洁能源结构问题，核心是能源技术创新和制度创新，目标是减缓气候变化和促进人类的可持续发展，在本质上与目前国内建设资源节约型和环境友好型社会的指导思想是一致的。

付允等认为，低碳经济是以低能耗、低污染、低排放和高效能、高效率、高效益（三低三高）为基础，以低碳发展为发展方向，以节能减排为发展方式，以碳中和技术为发展方法的绿色经济发展模式。

谢军安等认为，低碳经济要求经济活动低碳化，降低经济发展对生态系统碳循环的影响，维持生物圈的碳平衡，其根本目标是实现经济发展中二氧化碳的人为排放量与人为吸收量间的动态均衡，本质上属于碳中性经济。

鲍健强等认为，低碳经济是经济发展方式、能源消费方式、人类生活方式的一次新变革，它将全方位地改造建立在化石燃料（能源）基础之上的现代工业文明，使其转向生态经济和生态文明。

牛文元等认为，低碳经济是绿色生态经济，是低碳产业、低碳技术、低碳生活和低碳发展等经济形态的总称，低碳经济的实质在于提升能源的高效利用、推行区域的清洁发展、促进产品的低碳开发和维持全球的生态平衡。

潘家华等认为，低碳经济是指碳生产力和人文发展均达到一定水平的一种经济形态，旨在实现控制温室气体排放的全球共同愿景。这一概念的特点在于，一方面对于人文发展施加了碳排放的约束，另一方面强调碳排放约束不能损害人文发展目标，其解决途径便是通过技术进步和节能等手段提高生产力。

对于低碳经济的概念，目前比较主流的观点是：低碳经济是指在可持续发展理念的指导下，通过技术创新、制度创新、产业转型、新能源开发等多种手段，尽可能地减少煤炭、石油等高碳能源消耗，减少温室气体排放，达到经济社会发展与生态环境保护双赢的一种经济发展形态。❶

3.1.3 特征

低碳经济作为目前炙手可热的发展模式，是各个国家、各个地区争相追求的。它主要有六大主要特征，分为两个层面，基本层面包括降低能耗、减少污染、与发展新能源的密切相关性、制度和法律建设的同步性，以及深层次的超前性、创新性、过程性。

低碳经济是目前广受推崇的一种经济发展模式，同时也是一种前沿的经济理念。它有三大主要特征，即先进性、创新性、阶段性。

第一，先进性是与以往的传统经济比较来说，传统经济的特征已在我们日常生活中展现得淋漓尽致，它不像低碳经济一样注重低能耗、低碳排放，反而是高能耗、高消耗、高污染，对有限的自然资源造成了极大的威胁，同时也对生态环境及人们的日常生活造成了极大的污染，不利于社会经济的全面发展。而低碳经济在这种情况下符合可持续发展战略，具有先进性。

第二，创新性也是较之于以往传统的经济形态来说，对于经济发展水平的衡量，以往一般都是主要以 GDP 来衡量，只注重结果，而没有注重过程也就是经济发展的质量，而低碳经济更加注重碳的排放量，在发展经济的同时也对给生态环境带来的影响进行一定程度的降低，更加注重经济发展的质量。

第三，阶段性毋庸置疑也是较之于以往传统的经济形态来说，之所以提出低碳经济，是因为传统经济的形态出现了问题，对目前的生态环境造成了严重的影响，制约了经济的发展。低碳经济是为解决问题而来，是为了减少能耗、减少碳排放量等，它一旦发挥了其作用，解决了当前的资源环境问题，人们将为下一个经济发展目标而提出更加高端的思想，由低碳经济转向另一个目标。

3.1.4 构成

低碳经济具体可以包含四个环节：低碳能源、低碳产业、低碳技术、低

---

❶ 参见百度百科有关低碳经济的解释，http：//baike. baidu. com/link? url = IiDbNfmu38kcS8ctH6cG7AqGwFYJfOWV_jesTbkCSerfPQMVcODnZCp4XjdzywnYAMhu4ftFsHIIKULsM668AjIAaV623Z63AFBZVHTV6Vy。

碳政策。

(1) 低碳能源。

低碳能源指高能效、低能耗、低污染、低碳排放的能源，包括可再生能源、核能和清洁煤，其中可再生能源包括太阳能、风力能、水力能、海洋能、地热能及生物质能等，由此可见，低碳经济发展的核心是低碳能源。低碳能源是低碳经济的初始环节，发展低碳经济的重要途径之一就是要改变现有的能源结构，加速从"碳基能源"向"低碳能源"和"氢基能源"转变，使现有的"高碳"能源结构逐渐向"低碳"能源结构转变，以有利于低碳经济的快速发展。这就要求我们一方面大力推广使用现有技术可控的低碳能源；另一方面大力推进科技创新，积极开发高效、经济、实用的低碳能源新技术，并将其转化成实际生产力。清洁、高效、多元、可持续是未来能源发展的方向。

中国有丰富的煤炭资源，同时也是世界上少数几个以煤为主的国家之一。近几年来，煤炭在中国能源消费中的比例虽有所下降，但还是高于国际水平。

(2) 低碳产业。

低碳产业是低碳经济的载体，其结构影响能源消耗，所以，改善优化产业结构是发展低碳经济的重要途径。低碳产业是按照低碳经济发展理念发展，对目前产业结构进行改善，加快产业结构优化与升级，按照不同产业结构与能源的消耗和碳排放的联系进行低碳化，构建低碳产业链，以此实现产业结构低碳化发展。其中，低碳产业又分为两种：一种本身就是低能耗、低排放的产业类型；另一种是实行低碳技术的产业类型，这种产业类型共分为三种。

① 农业低碳化。

当前世界农业正处在一个由"高碳"向"低碳"的重大转型期。低碳农业是全球性的生态危机特别是全球气候变暖催生的生态革命产物。世界观察研究所的生命体征在线服务提供的报告数据显示，2010 年，即有统计数字的最近一年里，全球农业领域的温室气体排放总量为 46.9 亿吨二氧化碳当量，在 1990 年的水平上增长了 13%，农业是温室气体的第二大来源。联合国和世界银行在其发表的一份由全球 400 多位科学家撰写的报告《国际农业知识与科技促进发展评估（2008）》中也指出："世界需要一个从严重依赖农药和化肥等化学品、对环境破坏很大的农业模式转化为对环境友好、能保护生物多样性和农民生计的生态农业模式。"在世界多国共同反思高碳农业弊端的同时，世界农业随之步入新型的有机、生态、高效的现代农业发展期，即低碳农业经济时代。

中国一直重视农业的基础地位，在实施农业低碳化中主要强调植树造林、节水农业、有机农业等方面。植树造林是农业低碳化最简易、最有效的途径。据科学测定，一亩茂密的森林，一般每天可吸收二氧化碳 67 公斤，放出氧气 49 公斤，可供 65 人一天的需要。因此，要大力植树造林，重视培育林地，特别是营造生物质能源林，在吸碳排污、改善生态的同时，创造更多的社会效益。节水农业是提高用水有效性的农业，也是水土作物资源综合开发利用的系统工程。因此，应通过水资源时空调节、充分利用自然降水、高效利用灌溉水及提高植物自身水分利用效率等诸多方面，有效提高水资源利用率和生产效益。

有机农业以生态环境保护和安全农产品生产为主要目的，能够大幅度地减少化肥和农药使用量，减轻农业发展中的碳含量。因此，应通过使用粪肥、堆肥或有机肥替代化肥，提高土壤有机质含量；采用秸秆还田增加土壤养分，提高土壤保墒条件，提高土壤生产力；利用生物之间的相生相克关系防治病虫害，减少农药特别是高残留农药的使用量。有机农业已成为新型农业的发展方向。

② 工业低碳化。

工业低碳化是建立低碳化发展体系的核心内容，是全社会循环经济发展的重点。工业低碳化主要是发展节能工业，重视绿色制造，鼓励循环经济。

节能工业包括工业结构节能、工业技术节能和工业管理节能三个方向。具体而言，通过调整产业结构，促使工业结构朝着节能降碳的方向发展；着力加强管理，提高能源利用效率，减少污染排放；主攻技术节能，研发节能材料，改造和淘汰落后产能，快速有效地实现工业节能减排目标。

绿色制造是综合考虑环境影响和资源效益的现代化制造模式，其目标是使产品在从设计、制造、包装、运输、使用到报废处理的整个产品生命周期中，对环境的影响最小，资源利用率最高，从而使企业经济效益和社会效益协调优化。

工业低碳化必须发展循环经济。工业循环经济，一要在生产过程中，物质和能量在各个生产企业和环节之间进行循环、多级利用，减少资源浪费，做到污染"零排放"。二要进行"废料"的再利用。充分利用每一个生产环节的废料，把它作为下一个生产环节的或另一部门的原料，以实现物质的循环使用和再利用。三要使产品与服务非物质化。产品与服务的非物质化是指用同样的物质或更少的物质获得更多的产品与服务，提高资源的利用率。

③ 服务低碳化。

中国服务业的发展必须走低碳化道路，着力发展绿色服务、低碳物流和智能信息化。绿色服务，是有利于保护生态环境，节约资源和实现能源的无污、无害、无毒，有益于人类健康的服务。绿色服务要求企业在经营管理中根据可持续发展战略的要求，充分考虑自然环境的保护和人类的身心健康，从服务流程的服务设计、服务耗材、服务产品、服务营销、服务消费等各个环节着手节约资源和能源、防污、降排和减污，以达到企业经济效益和环保效益的有机统一。

物流业是现代服务业的重要组成部分，同时也是碳排放的大户。低碳物流要实现物流业与低碳经济的互动支持，通过整合资源、优化流程、施行标准化等实现节能减排，先进的物流方式可以支持低碳经济下的生产方式，低碳经济需要现代物流的支撑。本书在后半部分会以保定市 M 企业为例，对低碳物流加以数学建模进行评价。

智能信息化是发展现代服务业的必然要求，同时也是有效的服务低碳化途径。通过服务智能信息化，可以降低服务过程中对有形资源的依赖，将部分有形服务产品采用智能信息化手段转变为软件等形式，进一步减少服务对生态环境的影响。

（3）低碳技术。

低碳技术也被称作清洁能源技术，指的是能够提高能源效率、优化能源结构的技术。它主要分为：降碳技术，如煤的脱硫清洁利用；零碳技术，如潮汐可再生能源技术；消碳技术，如处理二氧化碳的新技术。低碳技术是实现低碳经济的支撑和前提。比如 CCS 技术，CCS 是指通过碳捕捉技术，将工业和某些能源产业所生产的二氧化碳分离出来，再通过碳储存手段，将其输送并封存到海底或地下等与大气隔绝的地方。碳捕获和封存分为三个阶段：捕获阶段，从电力生产、工业生产和燃料处理过程中分离、收集二氧化碳，并将其净化和压缩，采用的方法是燃烧后捕获、燃烧前捕获和富氧燃烧捕获；运输阶段，将收集到的二氧化碳通过管道和船只等运输到封存地；封存阶段，主要采用地质封存、海洋封存和化学封存三种方式。

CCS 技术仍处于试验阶段，因其成本过高而难以大规模推广。据麦肯锡咨询公司估计，捕获和处理二氧化碳的成本大约为每吨 75～115 美元，与开发风能、太阳能等可再生能源的成本相比并不具备竞争优势。此外，由于被捕获的二氧化碳缺乏良好的工业应用，封存是碳捕获的最终路径。CCS 技术的普及与二氧化碳的排放价格也密切相关，当二氧化碳价格为每吨 25～30 美元时，

CCS 技术的推广速度将会加快。2012 年 5 月，由欧盟资助的目前世界最大的碳捕获和封存示范工程在挪威建成，其总投资为 10 亿美元，设计能力为年捕获二氧化碳 10 万吨。

如果利用 CCS 技术将现有煤焚电厂进行技术改造，可以捕获其二氧化碳排放量的 90%，但所需费用相当于重新建造一座电厂。此外，发电厂生产的电力将有 20%～40% 被用于二氧化碳的分离、压缩和输送。因此，只有那些最具有超临界或超超临界机组的发电厂采用这种技术才比较合算。全球知名的埃森哲咨询公司曾对配备碳捕获和封存设备的发电厂的成本进行预估，结果显示到 2020 年，将现有电厂翻新配备碳捕获设备并将捕获的碳加以封存，将使每度电的成本增加约 3 美分，使其成本增加为 8 美分左右，接近于 2015 年风力发电和 2050 年太阳能发电的预估价格。由于碳捕获和封存的成本仍高于国际上的碳交易价格，而配备碳捕获与封存设备将使燃煤发电厂的成本提高，因此，除非政府提供补助，或开征高额碳税以增加厂商的经济诱因，否则碳捕获与封存尚难以产生具有利润的商业模式。

（4）低碳政策。

低碳政策是以建立低碳经济为目标的法律规章及体制机制改革，是低碳经济发展的保障，提供了良好的环境。其主要包括：①充分发挥市场机制的作用对低碳经济进行市场化操作，通过设定二氧化碳排放上限，并激励提高对能效和清洁技术开发的投资；②建立低碳经济技术标准体系，提高能源效率和发展可再生能源；③建立政府主导的政策激励机制，如设立碳基金，发挥政府的重要作用。从某种意义上来说，政策是方向的引导，是发展的基础和保障，我国在低碳经济上的政策与时俱进，为低碳经济的发展提供了巨大的帮助。政策推出的历程有以下几个重要的节点：

2005 年 5 月：中国国家能源领导小组成立，国家能源领导小组的主要任务是：研究国家能源发展战略和规划；研究能源开发与节约、能源安全与应急、能源对外合作等重大政策，向国务院提出建议。

2005 年 12 月：国家发改委、国家能源办、国家统计局联合下发了《开始实施 GDP 能耗指标公报制度》的通知。

2006 年 1 月：《中华人民共和国可再生能源法》（以下简称《可再生能源法》）实施，可再生能源的地位确认、价格保障、税收优惠等都写进了法律。与之配套的 9 部规定，更是把保护绿色能源细化到发电管理、价格分摊、技术规范等。可再生能源发电价格高于常规能源电价的差额部分，由电力用户统一分摊，每千瓦时电终端用户分摊还不到 1 厘钱，却使可再生能源企业在竞争中站稳脚跟；可再生能源并网发电的接入，也由电网企业负责建设。

2006 年 1 月：《可再生能源发电有关管理规定》出台。

2006 年 12 月：《气候变化国家评估报告》出台。

2007 年 4 月：《能源发展"十一五"规划》出台。根据这一规划，到 2010 年，中国煤炭、石油、天然气、核电、水电、其他可再生能源分别占一次能源消费总量的 66.1%、20.5%、5.3%、0.9%、6.8% 和 0.4%。与 2005 年相比，煤炭、石油比重有所下降，天然气、核电、水电和其他可再生能源比重略升。规划提出，2010 年中国一次能源生产目标为 24.46 亿吨标准煤，5 年年均增长 3.5%。

2007 年 6 月：以国家总理为组长的中国国家应对气候变化领导小组办公室成立；2007 年 6 月：《中国应对气候变化国家方案》出台，这一方案是中国第一部应对气候变化的全面的政策性文件，也是发展中国家颁布的第一部应对气候变化的国家方案。方案明确了到 2010 年中国应对气候变化的具体目标、基本原则、重点领域及政策措施。

2007 年 7 月：《关于落实环保政策法规防范信贷风险的意见》出台，标志着绿色信贷这一经济手段全面进入我国污染减排的主战场。

2007 年 8 月：《可再生能源中长期发展规划》发布。该规划指出，要逐步提高优质清洁可再生能源在能源结构中的比例，力争到 2010 年使可再生能源消费量达到能源消费总量的 10% 左右，到 2020 年达到 15% 左右。

2007 年 10 月：《核电中长期发展规划《（2005—2020 年）》出台，这标志着中国核电发展进入了新的阶段。规划的发展目标是：到 2020 年，核电运行装机容量争取达到 4000 万千瓦，并有 1800 万千瓦在建项目结转到 2020 年以后续建。(2011 年日本大地震导致福岛核电泄露事故后，中国的核电发展一度推迟。)

2007 年 11 月：《单位 GDP 能耗统计指标体系实施方案》《单位 GDP 能耗监测体系实施方案》《单位 GDP 能耗考核体系实施方案》出台。

2007 年 12 月：《节能减排授信工作指导意见》出台。

2008 年 1 月：《"十一五"重大技术装备研制和重大产业技术开发专项规划》出台，提出重点开发大型海上风电关键技术及太阳能关键技术。

2008 年 3 月：《可再生能源发展"十一五"规划》出台。该规划要求到 2010 年，我国可再生能源在能源消费中的比重将达到 10%，全国可再生能源年利用量达到 3 亿吨标准煤，比 2005 年增长近 1 倍。

2008 年 4 月：《中华人民共和国节约能源法》（以下简称《节约能源法》）修订后正式施行，《千家企业节能行动实施方案》出台。

2008 年 5 月：《关于调整大功率风电发电机组及其关键零部件、原材料进口税收政策的通知》出台。

2008 年 10 月：《中国应对气候变化的政策与行动》出台。当时中国正处于工业化、城镇化快速发展阶段，面临发展经济、消除贫困和减缓温室气体排放的双重压力，但中国充分认识到应对气候变化的重要性和紧迫性，制定了一系列与应对气候变化相关的政策和措施，采取了实实在在的应对气候变化行动，取得了明显成效。

2009 年 1 月：《资源综合利用企业所得税优惠目录》出台，《中华人民共和国循环经济促进法》开始施行。

2009 年 3 月：《太阳能光电建筑应用财政补助资金管理暂行办法》出台，其是为贯彻实施《可再生能源法》、落实国务院节能减排战略部署、加快太阳能光电技术在城乡建筑领域的应用而制定，并出台《财政部关于加快推进太阳能光电建筑应用的实施意见》及其解读；同时，将推进洁净煤技术产业化同核电、风电、太阳能发电等清洁能源发展共同列为政府工作报告中的重点工作。

2009 年 6 月：《中国至 2050 年能源科技发展路线图》出台。

2009 年 8 月：《规划环境影响评价条例》草案原则通过，其中规定，编制的能源开发相关专项规划应当进行环境影响评价，对规划实施可能产生的环境问题做出科学评估，以从源头上预防环境污染和生态破坏，保障经济社会的可持续发展。政策目标：《可再生能源法》指出，到 2020 年，可再生能源在我国能源结构中的比重将达到 16%；从产业发展指导、电价、总量目标、财税补贴、专项基金、并网发电等各个细节方面对可再生能源的发展予以支持和细化。《节约能源法》《能源发展"十一五"规划》《可再生能源发展"十一五"规划》出台，提出了 2010 年资源综合利用目标、重点领域、重点工程和保障措施，阐明了国家能源战略，明确了能源发展目标、开发布局、改革方向和节能环保重点，规定了一些节能管理的基本制度，明确了用能单位的节能义务，强化了监督和管理等。

2012 年 5 月，《"十二五"国家战略性新兴产业发展规划》获国务院常务会议通过。该规划明确了高端装备制造产业、节能环保产业、新一代信息技术产业、生物产业、新能源产业、新材料产业和新能源汽车产业等七大产业的发展方向和主要任务。

3.2 低碳经济的学科体系

3.2.1 低碳哲学

对于绝大多数的东方人尤其是中国人而言，低碳哲学体现的是"与自然共存""天人合一"的思想。所有生活在世界上的人都在向自然界索取，差别无非是索取多少的问题，如果索取的速度略低于或等于自然界的修复速度，那就能够与自然界共存，否则就可能被自然界吞噬。而低碳哲学就是要实现人类向自然界索取慢一点、少一点。比如买衣服，很多人的衣柜里可能有很多件衣服，光 T 恤可能就多达 10 件或 20 件，但实际上真正穿的有多少呢？可能也就两三件、四五件，其他的都放在柜里等着慢慢地变色，直到最后扔掉。那我们能不能少买几件呢？哪怕是少买一件呢？别小看了这一件衣服，据一项统计数据显示，少买一件 T 恤就能减排大约 5000 克的二氧化碳。而全中国按 13 亿人口计算，少买一件衣服就意味着一年能减排二氧化碳 650 万吨，扩展到全世界呢，每人少买一件衣服就能减少 3500 万吨的二氧化碳排放，这多么惊人！

3.2.2 低碳经济学

低碳经济学是站在学术的角度研究低碳经济，低碳经济持续健康发展离不开经济学理论的指导。随着发展低碳经济成为世界各国的重要需求，并将成为未来世界经济的主流，学术界对于低碳经济的研究越来越活跃。目前，低碳经济学的研究尚不完善，在很多问题上还没有形成统一的经济学理论。而对于中国的低碳经济发展，人们容易运用国外已有的理论见解来分析。但是，中国有自己独特的国情，因此必须要寻找适合中国的低碳经济发展模式，这就需要构建适合中国国情的低碳经济学。针对中国实际，中国的低碳经济学研究需要科学处理四个方面的问题：一是中国能源结构的客观性约束；二是中国特色社会主义制度与政策因素对中国碳排放的影响；三是中国国民"喜大普奔"的习惯性行为导致的资源浪费；四是中国经济发展与环境污染的关系。这四个方面的问题对确定中国低碳经济发展模式至关重要，而恰恰又是目前没有被充分重视的问题。这是我们强调"中国低碳经济学"这一称谓的重要目的，也是中国低碳经济学的理论价值所在。

3.2.3　低碳生态学

包括人类在内的世界上所有生物都通过一定的结构形式而结成动态联系的整体，这就是生态系统，它是自然界的基本功能单位，比如海洋生态系统、森林生态系统、草原生态系统、河流生态系统等。所有这些生态系统都与外界环境之间不断进行着物质和能量的交换，一般情况下，这种交换是平衡的，但是人类的活动，尤其是温室气体的排放打破了这种平衡，一方面，农业、工业及交通运输的发展产生了大量的温室气体，这些气体在低层大气中大量聚焦；另一方面，随着草原、森林等自然植被被破坏，吸收二氧化碳的功能大大减弱，导致大量二氧化碳气体滞留在大气层中，由此引发生态系统的一系列不良变化。低碳本身就是生态学的一部分，低碳的思想就属于生态学的思想，因此，突出低碳经济的生态学思想会更好地促进人类对低碳经济的理解。

3.2.4　低碳社会学

在推进低碳社会这一全新社会变革的过程中，低碳社区为社会的低碳化转型提供了基础的空间、具体的实践样式和切实的落脚点；低碳社会行动中不断建构的低碳制度、低碳技术和低碳文化的创新发展能力构成了过程的主要内容和有效支撑；政府、市场和公民社会多元主体互动互补、共生共利的社会参与机制则为过程目标的实现提供了动力源泉和重要保障。低碳社区、低碳发展能力和动力机制三者共同为低碳社会的构建提供了一个务实有效的框架，是构成中国社会低碳可持续发展实践过程的几个关键着力点。

3.2.5　低碳能源学

低碳能源学以研究能源的低碳性为主要方向，以实现能源由高碳向低碳转变直至无碳化为目的。低碳能源研究的对象包括风能、太阳能、核能、地热能和生物质能等替代煤炭、石油等化石能源，内容包括火电减排、新能源汽车、建筑节能、工业节能与减排、循环经济、资源回收、环保设备、节能材料等。这是研究低碳经济、创建低碳社会、实现生态平衡的根本。

第二篇

低碳经济评价

1 绪 论

1.1 选题背景及意义

近年来，二氧化碳的排放量不断增加，全球平均气温不断上升，海平面也上升到一定幅度，全球气候变暖导致各类灾害性事件频繁发生，对生态环境造成了不可逆转的破坏，对各种经济社会活动也造成了很大的影响。进入20世纪后期，人们逐渐认识到全球气候变暖问题给社会发展带来的严重影响。国际社会没有停滞于目前的状态，而是就气候变化问题一直在进行谈判磋商，努力寻求合作。最先是《联合国气候变化框架公约》，然后又到《京都议定书》，再到2009年的《哥本哈根协议》，国际气候合作框架正在逐渐形成，为开展节能减排、发展低碳经济及可持续发展打下了坚实的基础。2003年，低碳经济出现在英国能源白皮书《我们能源的未来：创建低碳经济》中，书中阐释了低碳经济的内涵，它是通过更少的自然资源消耗和更少的环境污染来获得更多的经济产出。伴随着全球人口和经济规模的不断增长，人们不断认识到能源使用带来的环境问题，大气中高浓度的二氧化碳带来的全球气候变化已被确认为不争的事实。在这样的情况下，"低碳经济""低碳技术""低碳发展""低碳社会""低碳城市""低碳世界"等一系列关于低碳的新概念、新政策随之产生。

发展低碳经济意味着转变发展方式，不再使用传统的经济发展方式，更多的是减轻单位 GDP 的资源和环境代价，通过各种技术的研发、政策的实施向自然资源投资来恢复和扩大资源存量，运用生态学原理设计工艺与产业流程来提高资源的利用率，使发展的成果更好地为人民所共享。就目前来说，拯救生态环境迫在眉睫，应通过对低碳经济的研究，了解影响低碳经济发展水平的各因素，从各个方面全面突击，从而改变当前人们所处的不利环境。总而言之，低碳经济是低能耗、低污染、低排放、高产出的代名词，是实现

21世纪经济发展与资源环境保护双赢经济的必然发展趋势。

1.2　国内外研究现状

在全球气候变暖的趋势下，越来越多的国家在国内外各种压力下担负起国际责任，西方发达国家纷纷推出低碳经济发展战略与政策，我国也加入到低碳经济的发展之中。

在国外，针对低碳经济的发展措施和政策主要有加强低碳技术的创新、改造传统的高碳产业、积极发展新型清洁能源、促使企业减碳等。英国在2003年发布的政府白皮书《我们能源的未来：创建低碳经济》中，将实现低碳经济作为能源战略的首要目标。欧盟为自己确定的目标是到2020年将温室气体排放量减少到80%，到2050年将温室气体排放量减少60%~80%，并且提出，若其他主要经济体也能承担此挑战性责任，则其愿意在1990年的基础上削减到30%。措施之一是把低碳经济的重点放在改造传统高碳产业上，但各国均有侧重点。比如，欧盟的目标在于追求国际领先地位，侧重于能源和技术方面，意在开发出廉价、清洁、高效和低排放的世界级能源技术。英德两国注重发展低碳发电站技术来减少二氧化碳排放，由于煤在中期和长期内仍将继续发挥作用，因此必须发展效率更高、能应用清洁煤技术的发电站。而积极发展可再生能源与新型清洁能源也是一大重点，比如，英国为此提出了三步走战略：近期目标重点放在那些有竞争力的、可尽快实现出口的技术领域；中期目标是到2010年时实现可再生能源发展目标的新技术以及有出口前景的技术；远期目标（2010年以后）重点放在执行研究和开发计划过程中发现的潜在能源技术领域。此外，还有降碳的措施等，可以说低碳经济的发展已成为一个国家发展必不可少的一部分，影响着社会经济的发展。

我国由于正处于工业化、城镇化加快发展的重要阶段，发展经济和改善民生的任务十分繁重；同时，当前气候变化带来的严重影响对于我国来说既是机遇，又是挑战。最近几年来，我国在低碳领域投资保持良好增长态势，在2008年年底政府4万亿的经济激励计划中，重点投资领域为环境基础设施建设、新能源开发和能效提高。北京、上海、天津等地相继建立了排放权交易所，2010年启动了碳交易国内市场。在"十二五"规划中，科技部高度重视低碳技术，把低碳技术作为重点内容纳入国家"十二五"科技发展规划与相关技术产业发展规划。从中不难看出，低碳经济将较长时间存在于我国的发展目标中，尤其是在未来几年将成为关注的重点，我国将通过转变增长方式、调整产业结构、落实节能减排目标，在发展和低碳中找到最佳的平衡点。

1.2.1　低碳经济理论研究现状

1.2.1.1　低碳经济理论研究内容

丁丁等人（2008）总结出国际上有关低碳经济研究的主要内容有：（1）能源消费与碳排放，包括与碳减排有关的能源消费结构的转换和低碳排放能源系统的建立。（2）经济发展与碳排放，主要探讨不同经济发展模式、阶段、速度与碳排放的关系。（3）农业生产与碳排放，包括土地利用变化、农业土地整治、农业生产水平与结构的变化等。（4）碳减排的经济风险分析与减排对策研究。其还指出，在研究方法上除了简单的相关分析、区域对比分析之外，一些基于大量数据的综合模型分析也越来越受到重视，如碳循环能源模型、动态综合评估模型、能源消费—碳减排经济关联模型等。然而对于产生碳排放基础的内部各要素间能量转换过程及其相互作用和影响的研究，尚未获得令人满意的进展。

王文军（2009）从内在机制作用上对低碳经济的运行进行了研究，提出低碳经济发展的技术经济范式，即实施"立体式"控制的经济发展模式。多位学者分别撰文，从物质流角度对低碳经济进行了研究。毛玉如（2008）提出要对经济活动的物质流进行分析，建立物质流分析账户，调控物质流动模式，实施物质流管理，优化经济结构，最终实现低碳经济的发展目标。万宇艳（2009）提出物质流分析法可以以特定产业为研究对象，研究和分析产业能耗与环境负荷变化的关系，对相关物质利用效率特征进行识别，建立物质流管理指标，为企业监测污染、优化流程提供有效的分析工具。他们还都从不同层次和角度对低碳经济发展提出了政策建议。

1.2.1.2　低碳经济的技术支撑理论研究

王文军（2009）研究指出，当前的低碳经济技术开发有：废旧产品与废弃物的回收、循环利用、再生利用以及无害化技术开发，资源效率最大化的技术开发，替代高碳能源的技术开发，资源循环利用技术、物质循环减量化技术开发，环保产业技术、清洁生产技术及可再生能源开发等。

政府间气候变化专家委员会（IPCC）（2001）认为，低碳或无碳技术的研发规模和速度将决定未来温室气体排放减少的规模。任奔等人（2008）综合研究了国际上低碳技术的发展，指出当前低碳经济技术主要是以下三个方面：一是节约能源技术，二是低碳能源技术，三是碳捕获和埋存技术（CCS）。付允等人（2008）对碳中和技术进行了归纳，认为其主要包括三类：一是温室气体的捕集技术，二是温室气体的埋存技术，三是低碳或零碳新能源技术。

姬振海（2009）通过研究指出，低碳经济的技术创新主要包括电力、交通、建筑、冶金等部门的节能技术，以及可再生能源、新能源、煤的清洁高效利用等领域的温室气体减排技术。

1.2.1.3　低碳经济的评价指标体系研究

刘传江等人（2009）依据生态足迹理论，从人口规模、物质生活水平、技术条件和生态生产力等方面论证了低碳经济发展的合理性；运用脱钩发展理论分析了经济发展与资源消耗之间的关系，并论证了低碳经济发展的可能性；依据"过山车"理论（EKC假说），通过对人均收入与环境污染指标之间的演变模拟，说明了经济发展对环境污染程度的影响，论证了低碳经济的发展态势。

到目前为止，学者对低碳经济的衡量和评价还没有形成系统的评价理论，更多集中于对碳排放影响因素、碳排放限制等的研究。日本的 Yoichi kaya 教授（1989）提出了关于二氧化碳排放的 Kaya 恒等式，根据恒等式可直观分析碳排放的 4 个推动因素：人口、人均 GDP、单位 GDP 能源（能源强度）和能源结构（碳强度）。同时，冯相昭等人（2008）在研究过程中对 Kaya 恒等式进行了修改，舍弃了残差部分。施小妹（2009）提出基于能源—能阱总组合曲线的图形方法来求解零碳/低碳能源的最小化问题。徐国泉等人（2006）采用对数平均权重 Divisia 分解法（Logarithmic meanweight Divisia method, LMD），定量分析了能源结构、能源效率和经济发展对中国人均碳排放的影响。邹秀萍等人（2009）借助 EKC（经验曲线，库兹涅茨曲线）模型，采用面板数据分析方法定量分析了经济水平、经济结构、技术水平对各地区碳排放的影响趋势，探讨了各地区碳排放与其影响因素间的演化规律和可能态势。

1.2.2　低碳经济发展研究

（1）各国低碳经济现状。

① 英国低碳经济。英国作为工业革命的发源地和现有的高碳经济模式的开创者，深刻认识到自己在气候变化过程中应该负有的历史责任，所以率先在世界上高举发展低碳经济的旗帜，成为发展低碳经济最为积极的倡导者和实践者。2003 年，时任英国首相布莱尔发表了题为《我们未来的能源——创建低碳经济》的白皮书，宣布到 2050 年英国能源发展的总体目标是从根本上

把英国变成一个低碳国家。按照《京都议定书》的承诺，2012 年欧盟温室气体要在 1990 年的基础上减排 8%，英国表示愿意为欧盟成员国在温室气体减排方面承担更多的责任，在欧盟内部的减排量分担协议中承诺减排 12.5%，比平均减排 8% 的目标高出 4.5 个百分点。不仅如此，英国政府进一步表示，力求在 2010 年减排主要温室气体二氧化碳 20%，2050 年减排 60%。

② 法国低碳经济。近 10 年来，法国高度重视并致力于减少二氧化碳等温室气体的排放，大力发展以核能为主题的再生能源和清洁能源，在工业、建筑、交通等领域节约能源，减少碳排放，取得了显著成效。法国核电一马当先，法国的核电工业起步于一些国家对核电产生动摇的 20 世纪 70 年代，近 30 年来，法国核电工业发展十分迅速，与美国、日本构成了世界核电工业三强。

③ 西班牙低碳经济。西班牙油气资源匮乏，能源主要依赖进口，温室气体减排任务艰巨。面对难题，西班牙另辟蹊径，大力发展风能、太阳能等可再生能源。一是建立健全并不断完善可再生能源法规，为风电发展提供了良好的法制环境。二是制定了一系列可再生能源促进计划。

第一，世界风能大国。风电在西班牙能源结构中的比例逐步扩大，带动了风电设备的制造、安装、维护，以及工程施工、风电场的运营等相关产业的发展。

第二，大力发展太阳能。除了风电之外，太阳能发电是西班牙减少对进口石油依赖的唯一新能源。2006 年，西班牙政府制定并通过了新建筑条例（CTE）。该条例规定，所有新建筑及新改修建筑，30% ~ 70% 的热水供热系统要采用太阳能技术。巴塞罗那、塞维利亚和马德里等大城市已通过法律，要求新建筑必须安装太阳能板。

④ 瑞典低碳经济。瑞典将低碳经济的理念与执行运用到生活中的每一个细节，如加强了对环保型汽车的推广，为此，政府出台了一系列政策措施鼓励国民使用环保型汽车。瑞典政府还积极推动民众参与低碳活动，为鼓励国民购买清洁燃料车、减少二氧化碳排放，推出了奖励措施。目前，瑞典各地的加油站都出售汽油和乙醇混合燃料，以方便环保型汽车用户。经过不断努力，目前瑞典已成为世界各国的榜样。

⑤ 加拿大低碳经济。2008 年，加拿大政府细化了"让科技成为加拿大优势"的国家科技发展战略在四大科技发展领域的具体范畴，尤其是在环境科技与能源领域两个方面。

第一，环境科技领域。加拿大政府分别拨款 6600 万加元支持制定工业废气排放法规框架，并对生物燃料排放进行科学分析和研究。另外，政府承诺5年内拨款2.5亿加元支持汽车工业执行汽车工业创新计划，主要是开发环保型汽车的战略性大项目。

第二，能源领域。加拿大政府将继续支持生物燃料、风能和其他替代能源的研究，计划拨款2.3亿加元执行生物能源技术计划。

⑥ 美国低碳经济。美国虽然没有加入《京都协定书》，但20年来十分重视节能减碳。美国于1990年实施了《清洁空气法》，2005年通过了《能源政策法》，2007年7月美国参议院提出了《低碳经济法案》。

第一，改造传统高碳产业，加强低碳技术创新。

美国政府自2001年以来已投入22亿美元，用于将先进清洁煤技术从研发阶段向示范阶段和市场化阶段推进。清洁煤概念是20世纪80年代中期由美国首先提出的，是指在煤炭开发和加工利用全过程中旨在减少污染与提高利用效率的加工、燃烧、转换及污染控制等技术的总称，是使煤作为一种能源达到最大限度潜能的利用，而释放的污染物控制在最低水平，达到煤的高效清洁利用的技术。在2008年发表的美国能源部22亿美元的低碳技术商业化经济支援计划中，对煤炭气化复合发电的商业化的支援金额所占的比例高达62%，远远高于环保车，可见美国对清洁煤的产业化极为重视。

第二，应用市场机制与经济杠杆，促使企业减碳。

美国依照市场规则买卖定价合理的碳排放许可证，促使企业、消费者和政府将排放温室气体的成本计入他们的日常生活，并与全球碳信誉额度市场连接起来，可全部拍卖这些信用额，将所有收入的10%分配给能源密集型企业，将剩余的90%收入的一半分配给中低收入的美国人，以抵消与能源有关的价格上涨，另外的一半投资到研发项目和其他成本上，以刺激各部分的科技创新和推动美国经济朝低碳经济方向发展。

2009年5月15日，《美国清洁能源与安全法案》由众议院气候变化民主党提名人亨利·维克斯曼（Henry Waxman）与爱德华·马基（Edward Markey）共同提出，最终于5月21日晚以33:25的结果在美国众议院能源和商务小组委员会通过，随后在6月26日晚以219:212的微弱多数在众议院通过，成为美国历史上第一个应对气候变化和温室气体减排的法案，被称为"美国历史上在国会通过之前最重要的立法议案之一"。该法案的最大特点是允许各企业通过植树和保护森林等手段抵消自己的温室气体排放量，要求到2020年时，电力部门至少有12%的发电量来自风能、太阳能等可再生资源。另外，该法案还批准每年投资10亿美元，供新建立的燃煤发电站进行碳捕获，要求 2012 年后新建成建筑的能效要提高 30%，2016 年后则需要提高 50%。

⑦ 日本低碳经济。日本是一个资源贫乏的国家，同时也是对世界环境和全球气候变化造成严重破坏的国家。1997 年，日本作为《京都议定书》的发起和倡导国，投入巨资开发利用太阳能、风能、光能、氢能、燃料电池等替代能源和可再生能源，并积极开发潮汐能、水能、地热能等方面的研究。

日本对实现低碳社会采取了四大措施，首先是开发革新了技术并普及了现有的先进技术；其次是建立了一套让整个国家朝着低碳化目标努力的机制；再次是提高了农村和地方城市对实现低碳社会的贡献；最后是重视每一位国民的作用，让国民理解减排的意义、重要性、做法和可能伴随的负担，从而采取实际行动。

⑧ 韩国低碳经济。在 2005 年召开的世界经济论坛上公布的环境持续性指数（Environmental Sustainability Index，ESI❶）评价中，韩国在 146 个国家中排名第 122 位。据韩国媒体 2010 年 1 月 28 日报道称，在当年瑞士达沃斯世界经济论坛（WEF）发布的"环境绩效指数"（Environmental Performance Index，EPI❷）中，韩国仅得到 57 分（满分 100），在 163 个评价对象国中排名第 94 位，在 OECD❸ 国家中排在最末尾。

（2）碳交易与碳税的研究现状。

碳税（carbon tax）是指针对二氧化碳排放所征收的税。碳税是一种矫正税，也被称为能源税，它以环境保护为目的，希望通过削减二氧化碳排放来减缓全球变暖。碳税通过对燃煤和石油下游的汽油、航空燃油、天然气等化石燃料产品按其碳含量的比例征税，来实现减少化石燃料消耗和二氧化碳排

---

❶ 环境可持续能力指数（ESI）是耶鲁大学、哥伦比亚大学和世界经济论坛共同开展的项目。ESI 为跨国家地比较环境问题提供了一个系统的指标。ESI 为阐明大量紧迫的环境政策问题提供了一个比较和分析的基础，为在国家或地区确定优先进行的政策改善、量化政策和项目成功状况、促进调查经济和环境发展的相互关系、确定影响环境可持续能力的主要因素等各方面提出了标准。

❷ EPI 是由耶鲁大学环境法律与政策中心、哥伦比亚大学国际地球科学信息网络中心（CIEsIN）联合实施，在 2002—2005 年连续 4 年编制的"环境可持续指数"基础上发展而来的，EPI 建立的指标体系关注环境可持续性和每个国家的当前环境表现，通过一系列的政策制定和专家认定的表现核心污染和自然资源管理挑战的指标来收集数据，虽然对于环境指数的合理范畴没有精确的答案，但其选择的指标可以形成一套能反映当前社会环境挑战的焦点问题的综合性指标体系。

❸ 经济合作与发展组织（Organization for Economic Co-operation and Development），简称经合组织（OECD），是由 34 个市场经济国家组成的政府间国际经济组织，旨在共同应对全球化带来的经济、社会和政府治理等方面的挑战，并把握全球化带来的机遇。其成立于 1961 年，目前成员国总数为 34 个，总部设在巴黎。

放。与以总量控制和排放贸易等市场竞争为基础的温室气体减排机制不同，征收碳税只需要额外增加非常少的管理成本就可以实现，碳税的本质是为了使边际私人成本等于边际社会成本、边际私人收益等于边际社会收益，从而达到治理污染的目的。

20世纪90年代初，芬兰、瑞典、丹麦、荷兰4个北欧国家先后开征碳税；1999年，意大利开始征收碳税；2008年2月19日，加拿大BC省公布2008年度财政预算案，规定从2008年7月起开征碳税，即对汽油、柴油、天然气、煤、石油以及家庭暖气用燃料等所有燃料征收碳税，不同燃料所征收的碳税不同，而且未来5年对燃油所征收的碳税还将逐步提高。2010年，中国国家发改委和财政部联合提出碳税专题报告指出，中国推出碳税比较合适的时间是2012年前后，且应先针对企业征收，暂不针对个人。这份中国碳税税制框架设计提出了中国碳税制度的实施框架，包括碳税与相关税种的功能定位、中国开征碳税的实施路线图以及相关的配套措施建议。

碳税是排污税的一种，排污税主要是对污染源或污染行为征收的污染税，而排污税又是环境税的一个分类。环境税对环境污染和生态破坏这一典型的外部不经济有直接有效的调节作用。环境税通过税收的形式对环境资源予以定价，并将其价格计入企业的生产成本，实现外部成本的内部化，从而改变市场价格信号以劝阻某种有害环境的消费或生产行为。同时，环境税收入还可以为政府治理环境、保障环境资源可持续发展提供资金支持。环境税大致分成两类，即排污税和产品税。环境税制又称绿色税制，是指政府为了实现特定的环境保护目标，筹集环境保护资金、强化纳税人环境保护行为而征收的一系列税种以及采取的各种税收措施。王金南、曹东认为，所谓碳税实际上就是根据化石燃料中的碳含量或排放二氧化碳量征收的一种产品消费税。裴克毅、孙绍增、黄丽坤认为，碳税是一种混合型税种，设计的税率由两部分构成：一部分由该能源的含碳量决定，所有固体和液体的矿物能源（包括煤、石油及其各种制品）都要按其含碳量缴纳碳税；另一部分是由该能源的发热量决定，主要是指矿物能源与非矿物能源。高鹏飞、陈文颖讨论的碳税是指以减少碳排放为目的的一种庇古税。对于是否征收碳税，有两类观点：一类是自由市场环境主义（Free Market Enviromentalism）。这种观点认为，市场理性完全可以自行克服环境与资源问题，市场价格机制及技术进步即可改善资源的配置效率，在公共资源问题上虽然存在市场失灵问题，但完全可以通过明晰产权来解决。当产权界定明确，又有适当的价格而非采取补贴的形式，环境问题就能得以解决，因此，他们认为庇古税（碳税）通过政府采用经济手段从宏观上对市场进行干预是多余的。另外一种观点认为不能用产权界定的方式来代替庇古税。这种观点认为，大气是全体人类共有的资源，其产权的界定是相当困难的，因此，在温室气体排放问题上，碳税有可能不是最好的却是比较有效的方式。庇古税较之于产权界定虽存在管理成本，但不存在交易成本，而且这种税收是宏观干预而非指令与控制式的干预，并且完全采用产权明晰化的方式，只能在极端的条件下达到最优排污量。关于引入碳税的目的，有学者指出，碳税引入的起因是全球气候变化问题；北欧一些国家引入碳税是出于国内目的，如作为税制改革的一部分，以缓和所得税、加强间接税，其次是解决环境问题，并非为发展中国家筹集必要的资金。也有的认为征收碳税的目的在于校正市场失灵带来的效率损失，以实现资源的优化配置。关于征收碳税对生态环境的影响，不同研究人员运用各种模型得出了相似的结论，即征收碳税将使二氧化碳的排放量出现很大程度的下降，并可获得相应的健康利益。曹凤中的研究表明，征收全球碳税可以使发展中国家变得富裕，而发达国家则只能获得环境效益。关于征收碳税对国民经济及一些行业的影响，众多学者做了大量的研究。贺菊煌等建立了一个用于研究中国环境问题的 CGE 模型，用该静态模型分析了征收碳税对中国二氧化碳减排的效果和对国民经济各方面的影响。碳税分两种情况：一是在征收碳税时，对各部门同比例削减产值税和增值税，使生产税对 GDP 的比率保持不变，此称为平衡碳税。二是在征收碳税时，不改变各部门的产值税率和增值税率，此称为独立碳税。其通过分析指出了平衡碳税的效果：①碳税对 GDP 影响很小。这说明碳税是较好的经济政策。②碳税对价格的影响主要表现为煤炭和石油价格的上升。③碳税对产量的影响主要表现为煤炭产量的缩减。此外还可知道：①碳税使各部门的能源消耗都下降了，各部门下降的幅度差异不大。②碳税使煤炭部门劳动力大量减少，使建筑业和农业劳动力也有所减少。这些劳动力主要转移到制造业，其次是转移到服务业、电力和商业餐饮业。高鹏飞等应用建立的一个中国 MARKAL – MACRO 模型研究了征收碳税对中国碳排放和宏观经济的影响。研究表明：征收碳税将会导致较大的国内生产总值（GDP）损失；存在减排效果最佳的税率。当碳税水平较高的时候，减排的效果并不显著，GDP 的损失却会急剧增加。碳税是减少碳排放的一种重要手段；但是征收碳税也会导致较大 GDP 的损失，保持总税赋不变可减少碳税造成的 GDP 损失。魏涛远、格罗姆斯洛德利用一个中国可计算一般均衡（CNAGE）模型定量分析了征收碳税对中国经济和温室气体排放的影响。研究表明：征收碳税将使中国经济状况恶化，但二氧化碳的排放量将有所下降。从长远来看，征收碳税的负面影响将会不断弱化，中国这样一个发展中国家通过征收碳税实施温室气体减排，经济代价十分高昂。Mustafa H. Babiker、Patrickk Criqui、A. Denny Ellerman、John M. Reilly 和 Laurent L. Viguier 运用一般均衡模型，以欧洲经济为代表进行了分析，指出在国内各部门均分减排费用会减轻排放限制的负担，但由于现有税制的影响，一些国家可能会选择其他分配方案；并指出税附加费的方法被证明更有利于维持出口。魏一鸣、范英等提出，运用征收碳税的手段要达到减排 5% 的目标，税率需要达到 90.71 元//tc[1]，电力、钢铁、邮电运输三部门成本分别增加 5.78%、0.91%、0.12%；要达到减排 10% 的目标，则需要征收的税率为 192.9 元//tc，电力、钢铁、邮电运输三部门成本分别增加 12.07%、1.94%、0.263%。如果把调整能源结构和征收碳税的措施结合起来，可以得到社会总成本略小的方案。总之，采用碳税或者采用征收碳税和能源结构调整的政策对整个经济的负面影响比较大。Luke Reedman、Paul Graham、Peter Coomber 的研究通过一个可选择的模型对比了两种碳税政策对澳大利亚电力生产的影响。两种碳税都已知道征税额度，但一种是在将来确定的时间征收，另一种是在将来不确定的时间征收。分析表明，投资者的行动明显依赖针对不确定性的观点，而且无论有无碳税，技术设计必须是可行的。王灿、陈吉宁、邹骥的研究表明，碳税对部门产量和价格的影响主要作用在能源部门。煤炭、石油、天然气和电力 4 个能源部门的产品价格都显著提高，煤炭和天然气产量大幅度下降。而石油和电力行业的产量将有所上升，以满足总的能源需求。其还指出，中国实施二氧化碳减排政策将有助于能源使用效率的提高，但同时也将对中国经济增长和就业带来负面影响。

关于征收碳税对居民生活的影响，有如下几方面的研究：①征收碳税会对不同收入阶层造成不同影响，低收入阶层将遭受较大损失。马杰认为，征收碳税必然会给不同的利益集团带来不同的影响，利益的不平衡会相应影响社会公平问题。Symons 和 Smith 从不同角度分析和探讨了碳税对不同收入阶层的影响，多数分析结果认为，相对于高收入家庭而言，低收入家庭用于燃料的支出比重较大，因而会由于碳税的征收遭受较大的损失。Simons 等探讨了碳税对不同收入阶层的影响。在采用当前消费模式的情况下，多数分析结果认为，低收入家庭相对于高收入家庭用于燃料的支出占收入的比重较大，因而会因碳税遭受较大的损失。但一些学者指出，采用当前消费模式忽视了

---

[1] 梁建忠：《基于清洁机制的碳税研究》，西南林学院硕士学位论文，2008。

家庭需求对价格的反应，因为耗能产品因碳税而价格上涨也会间接影响消费需求。Poterba 提出应重新考虑分配问题研究的评价尺度，他认为支出分析比常用的收入分析更可靠。②可以采用某些方法使征收碳税不会对低收入阶层产生消极影响。Simon Dresner 和 Paul Ekins 研究了如何使用包括碳税在内的经济手段来减少英国国内家庭的碳排放，同时使之又不会对贫困家庭产生消极影响。其得出的结论是，首先应通过一个方案，该方案包括能源使用审计、额外的家庭税、对在指定的时间内没有有效节能的家庭征收印花税、给低收入家庭提供津贴和贷款，在这一方案实施 10 年后引入碳税才具有可行性。③征收碳税会对农场产生影响，小农场将受到更大的影响。Daniel Schunk 和 Bruce Hannon 的研究运用经济计量动态模型分析了伊利诺伊种植谷物的农民对碳税政策如何做出应对。结果显示，碳税政策对农场收入将产生消极影响，小农场将比大农场受到更大的影响。④碳税会抵消劳动力市场的效率。Lan W. H parry 研究了调整碳税和碳贸易的费用对劳动力市场的影响，指出税收系统发生变化可能会抵消劳动力市场的效率。

关于实施碳税存在的困难，主要观点有：在经济学意义上实施国际碳税机制很难达到最优均衡状态，在确定征税对象上难以具体解决，各国出于自己经济利益的考虑难以达成一致协议。

此外，还有一些研究是比较碳税和其他减排方式。主要观点有：①碳税是解决全球气候变暖问题的一种很有成效的方法。Reyer Gerlagh、Bob van der Iwaan 对比了碳税、化石燃料税、使用可再生能源、降低发电的碳排放强度，认为支持可再生能源充分利用的碳税是解决全球气候变化问题的一种很有成效的方法。②碳税的作用与碳排放许可证拍卖是同样有效的。Steven Sorrll 和 Jos Sijm 研究了政策混合中的碳贸易，得出使用碳税或者允许碳排放许可证拍卖是有效率的。③碳税的作用要劣于对交通基础设施的高投资再加上减少燃料税的方法。Mauro L. Piattelli、Marta A. Cuneo、Nicola P. Biandi 和 Giuseppe Soncin 的研究认为，实施碳税对财政收入的增加作用比对碳减排的作用要明显；对交通基础设施的高投资再加上减少燃料税是减少碳排放的最好方法。④碳税政策优于其他排放许可证制度。Thomas S. Fiddamom 的研究表明碳税政策胜过其他排放许可制度，并指出大部分模型严重忽视了未来气候的危害；得出关于设计和实施的方法是粗劣的，其提供的减排好处容易变得消极的结论。⑤对德国而言，联合履约机制的作用要优于碳税。Christoph Bohringer、Klaus Conrad、Andreasl oschel 以德国为例，运用一个一般均衡模型分析了环境税和与印度实施联合履约机制对德国的经济及就业的影响，指出联合履约机制抵消了碳减排对德国经济的限制作用，降低了碳税水平，并且还激发了德国对生物质能源的投资，从而促进了就业和收入。

此外，还有学者对碳税税率和征收碳税对其他税收的影响做了研究。Pearce 提出应以碳税替代部分现有税收，如收入税。这样，征收碳税不仅可以实现减排，还可以取得改善税收结构的次生效益，即所谓"双倍红利"（doubledividend）。

2　低碳经济评价理论综述

2.1　评价理论

其也被称为系统评价理论（System Evaluation Theory），是把评价对象看成一个系统，评价指标、评价权重、评价方法均应按系统最优的方法进行运作。系统论认为，世界上的万事万物都构成了大大小小的系统，大系统由许多子系统组成，而每个子系统则由更小的子系统组成。其通过对系统之间和系统内部的分析，使得许多国家纷扰复杂的问题层次化、简单化，从而达到解决问题的目的。以系统论来分析绩效评价问题，对提高评价质量无疑是很有益处的。

2.2　评价方法

2.2.1　层次分析法

层次分析法是美国匹兹堡大学 T. L. Saaty 等人于 20 世纪 70 年代初提出来的，简称 AHP 法。层次分析把人的思维过程层次化、数量化，并用数学方法为分析决策、预报或控制提供定量依据。其目前已经广泛应用于工程技术、经济管理和社会生活的决策过程中。

层次分析法有效地处理了那些难以完全用定量方法解决的问题。其思想在于将复杂难解决的问题分解成若干层次，然后再逐层分析。其通过比较若干因素对同一目标的影响，把决策者主观判断用数量的方式来处理，即确定在总目标中的权重，最终选择权重比较多的方案为最优方案，是一种定性与定量分析相结合的方法。

2.2.2　模糊综合评价

2.2.2.1　模糊层次分析法的概念

荷兰学者 Van Loargoven 提出利用三角模糊数表示层次分析法中比较判断矩阵的方法并运用三角模糊数的运算规则求得元素的重要性排序，即在模糊环境下使用层次分析方法，称为模糊层次分析法。该方法能够使得判断矩阵的构造更多地考虑到决策者和评价者的决策模糊性。

2.2.2.2　模糊层次分析法的优缺点

模糊层次分析法的优点如下：首先，它能够解决现实生活中无法直接进行数量分析的问题，可以通过这种方法解决具有模糊性和不确定性的判断问题；其次，模糊层次分析法属于数学方法，使用数学方法比其他以数学为基础的评价方法简单，只需要在对每个指标进行评判后，通过数学模型进行计算，比较适合复杂的评价系统；最后，由于对每个评价指标评判时只能得到一个明确且唯一的判断指标，由此排除了评价指标所处指标集的干扰。

模糊层次分析法的缺点如下：首先，对各个评价指标进行赋权时不能排除主观因素的影响；其次，在整个计算过程中，没有对相互之间有联系的评价指标进行处理操作，所得的评价结果可能会有重复的信息；最后，目前来说，还没有能够确定隶属函数的系统的方法，合成的算法也不够成熟，如果评价指标体系复杂，隶属函数的确定过程也会非常烦琐。

3　低碳经济评价指标体系构建

3.1　建立的意义

首先，建立低碳经济评价指标体系，便于分析了解各种低碳经济指标，为决策者做出选择，定量与定性分析相结合。完善的评价指标体系可以促进低碳经济评价方法的研究，为更加科学合理的方法做铺垫，从而为低碳经济的发展研究起到指导性和参考性作用。其次，建立指标体系还可以通过比较和反馈问题，更加深入分析目前低碳经济的发展情况，为制定低碳经济发展方针提供决策支持。

3.2　构建方法

构建低碳经济评价指标体系的流程如图 2－3－1 所示，首先提出指标体系建立的意义、指标体系的构建原则和一些指标选取依据，然后构建低碳经济评价指标体系，接下来用层次分析法进行权重的计算，最后得出决策结论。

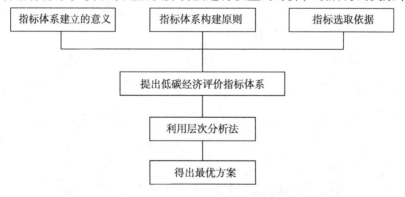

图 2－3－1　构建低碳经济评价指标体系的流程图

3.3　指标体系的确立

3.3.1　原则

在吸收借鉴一些学者的研究成果的基础上，构建低碳经济指标体系主要遵循以下原则：

（1）系统与层次相结合原则。低碳经济评价指标体系是作为一个整体来反映低碳经济的特点，根据结构分层并将指标分类，避免指标间的重叠。

（2）科学性与可行性相结合的原则。其能够科学反映出低碳经济的主要特征，进行高度概括；同时要求具体评价指标定义明确，计算力求标准化；运用的计算方法及模型也需要科学规范。

（3）定性分析和定量计算相结合原则。评价指标体系应该具有可测性，所以要尽可能采用量化的指标。

（4）动态性和稳定性相结合原则。低碳经济是不断发展的，所以设计指标时需要考虑动态变化性，同时指标的内容需要在一定时期内保持相对稳定。

3.3.2　流程

（1）指标体系建立的简单步骤如下：

1）明确评价对象和目的，此次指标体系体现低碳经济的特征，评价子系统也要具有一定的独立性，同时又能合在一起更全面地反映低碳经济。

2）采用"自顶向下"的指标构建顺序，选取过程中需要明确每个指标在体系中的作用。

3）评价指标的筛选。指标筛选需要定性分析与定量分析相结合，主要取决于指标的可获得性、指标的计算及指标内容。

4）指标体系结构化。需要避免指标体系的不完整性，要能做到各层指标之间连贯，体现每一层之间指标的相关性，同时，每一层指标之间要有区别。

5）最终构建成目标层、准则层、指标层这三个层次的低碳经济评价指标体系。

（2）指标数据的标准化。由于指标可能正向或者逆向反映低碳经济，需要将每个指标换成单位统一可以计算的指标。

（3）利用成对比较法构造判断矩阵。针对上一层的某个因素，对于本次的所有元素和影响进行两两比较。

（4）进行一致性检验。一致性是衡量判断矩阵质量的标准，需要计算判断矩阵的最大特征根，用来检验决策者思维的一致性。若 $\lambda > 0$，则认为判断矩阵有满意的一致性。

（5）比较权重向量，选择最大者作为最佳方案。

3.3.3 指标体系的确定

本书在充分吸收和借鉴潘家华、庄贵阳等诸多学者研究成果的基础上，遵循低碳经济评价指标体系的构建原则，构建了低碳经济的评价指标体系。此低碳经济评价指标体系分为 3 个层次，并在这 3 个层次下构建 6 个子模块和 20 个指标，如表 2 - 3 - 1 所示。

表 2 - 3 - 1 低碳经济评价指标

目标层	准则层	指标层	指标方向
低碳经济发展水平	低碳能源指标（A1）	A11 零能源占能源消费比例	正
		A12 清洁煤占煤能源比例	正
		A13 单位能源消耗的二氧化碳排因子	负
	低碳产业产出指标（A2）	A21 单位 GDP 二氧化碳排放量	负
		A22 单位 GDP 消耗	负
	低碳消费指标（A3）	A31 人均碳排放	负
		A32 人均生活碳排放	负
		A33 消费品低碳标志比例	正
	低碳废物处理（A4）	A41 生活垃圾无害化处理率	正
		A42 工业固体废物综合利用率	正
	低碳环境指标（A5）	A51 人均住房面积	负
		A52 万人拥有公共汽车数	正
		A53 低能耗建筑比例	正
		A54 公共低碳经济知识普及率	正
		A55 人类发展指数	正
		A56 森林覆盖率	正
		A57 人均绿地面积	正
	低碳科学技术（A6）	A61 热电联产比例	正
		A62 投入占财政支出比例	正
		A63 温室气体捕捉与封存（CCS）比例	正

3.3.4 指标的含义

3.3.4.1 低碳能源指标

能源结构是影响碳排放的重要因素之一，其中又含有 4 个较为重要的指标：零能源占一次能源比例、清洁煤占煤能源比例、单位能源消耗和二氧化碳排放因子。例如，风能、太阳能、潮汐能等可再生资源与核能都属于零碳排放资源。

3.3.4.2 低碳产业产出指标

其包含单位 GDP 二氧化碳排放量、单位 GDP 消耗。单位 GDP 二氧化碳排放量是衡量低碳的重要核心指标，并且消耗能源的碳排放量与 GDP 的产出值联系在一起，能够直观地反映出某个时期的低碳技术水平。单位 GDP 消耗是指每生产万元的 GDP 所需要消耗掉的能源，能够说明对能源的利用程度。

3.3.4.3 低碳消费指标

其包含人均碳排放、人均生活碳排放和消费品低碳标志比例。

庄贵阳等指出，碳消费水平旨在从消费层面来衡量一国（或经济体）人均碳需求和碳排放水平。尽管消费模式受到多种因素的影响，但是"人均消费的碳排放"亦可作为一个综合性指标来评定消费模式对碳排放的影响。这一指标可以根据最终消费占 GDP 的比重与单位 GDP 碳排放等相关指标来推算。

考虑到居民的最终消费支出，以人均碳排放水平代替人均消费碳排放水平。消费品低碳标志比例代表了消费品生产过程是否低碳环保的透明程度，环境保护部环境认证中心通过低碳消费引导低碳生产，从而实现消费和生产的低碳化转型，在此过程中，消费品低碳标志比例是核心指标。

3.3.4.4 低碳废物处理指标

低碳废物处理指标又包括生活垃圾无害化处理率、工业固体废物综合利用率。其中，工业固体废物综合利用率是指废物综合利用量占固体废物产生量的百分比。而生活垃圾无害化处理率指经无害化处理的垃圾占垃圾总量的比例。

3.3.4.5 低碳社会环境指标

其主要包含人类发展指数、人均住房面积、万人拥有公共汽车数、低能耗建筑比例、公众低碳经济知识普及率、人均绿地面积和森林覆盖率等。

其中，人类发展指数用来衡量各国社会经济发展水平，庄贵阳曾提出满足碳生产力和人类发展水平两个指标。同时，减少碳源的排放，以及代表自然界中碳寄存体的水平的森林覆盖率等，为实现低碳化提供了有效的物质基础。

3.3.4.6 低碳技术指标

低碳技术是对现有能源技术进行改造，提高可再生能源与清洁能源的利用，有效控制温室气体排放的技术。因此，其包含热电联产比例、R&D 投入占财政支出比例、温室气体捕捉与封存（CCS）比例。

4 保定市发展低碳经济实例研究

4.1 实例介绍

4.1.1 京津冀一体背景

京津冀协同发展是以习近平同志为总书记的党中央做出的一项重大战略决策。据了解，规划除将明确区域整体定位及三省市定位以外，还将确定京津冀协同发展的近期、中期、远期目标。规划包括总纲、实施细则和具体名录；既有顶层设计纲要，也有实施方案细则和路线图。细则包括交通一体化细则、环保一体化细则和产业一体化细则。

4.1.2 保定市基本概况

保定，位于华北平原北部、河北省中部，大部位于海河平原，在北纬38°10′~40°00′、东经113°40′~116°20′，其北邻北京市和张家口市，东接廊坊市和沧州市，南与石家庄市和衡水市相连，西部与山西省接壤。保定市中心北距北京140公里，东距天津145公里，西南距石家庄125公里，直接可达首都机场、石家庄正定国际机场及天津、秦皇岛、黄骅等海港。冀中地区即指保定，与北京、天津构成黄金三角，并互成掎角之势，自古是"北控三关，南达九省，地连四部，雄冠中州"的"通衢之地"。保定以前为直隶省会，是直隶总督驻地，也是河北省最早的省会，从1669年至1968年，长期是河北的政治、经济、文化中心。保定是京津冀地区中心城市之一，"保定"即"永保大都（即元大都北京）安定"之意。

保定市生活服务设施齐全，医疗保健机械完善，文化娱乐场所众多。保定是京师门户，曾"北控三关，南达九省，地连四部，雄冠中州"，历史上为燕国、中山国、后燕立都之地，清代八督之首，为"冀北干城，都南屏翰"。其现为大北京经济圈中的两翼之一，是北京主要卫星城，素有"京畿重地""首都南大门"之称。

保定年平均气温12℃，年降水量550毫米，属于温带季风性气候。这里四季分明，冬季寒冷有雪，夏季炎热干燥，春季多风沙，秋季凉爽舒适；冬冷夏热，雨热同期。

保定是国务院命名的中国历史文化名城，有3000多年历史，清为直隶总督署。保定拥有深厚的文化底蕴，市区内拥有众多名胜，如大慈阁、直隶总督署、清西陵、狼牙山、白洋淀、冀中冉庄地道战遗址、古莲花池、钟楼等。保定市高等院校众多，华北电力大学、河北大学、河北农业大学、中央司法警官学院、河北金融学院、保定学院等著名驻保高校为保定市增添了青春活力。

保定市是对外开放城市、全国首个创新驱动发展示范市、WWF低碳试点城市、中国优秀旅游城市、全国双拥模范城、戏曲之乡、游泳之乡、全国乒乓球重点城市、第二批公交都市试点城市，也被称为"长寿之城""冠军之城"，入选2008年和2012年中国魅力城市200强。保定地铁规划2025年建成"两纵两横"的4条地铁线路，2030年保定地铁通向周边县区。

《河北省新型城镇化规划》于2014年3月26日发布，规划明确了以保定、廊坊为首都功能疏解的集中承载地和京津产业转移的重要承载地，与京津形成京津冀城市群的核心。

2015年5月8日，从民政部区划地名司获悉，经国务院批准，民政部同意将河北省保定市新市区更名为竞秀区；撤销保定市北市区和南市区，设立保定市莲池区；撤销保定市满城县、清苑县、徐水县，分设满城区、清苑区、徐水区。至此，保定市辖5区、15县、2县级市，全市总人口、辖区面积没有变化。其中，保定市辖区由3个变成5个，市区面积由原来的312平方公里增加到2531平方公里，扩大了2219平方公里；市区人口由原来的119.4万人增加到280.6万人。

4.1.2.1 保定市资源环境现状

近些年来，保定在经济上虽然发展迅速，但同时带来了许多资源环境问题，主要有以下几点：

第一，水土流失问题严重，森林覆盖率较低。近年来，保定市西部山区水土流失严重，全市水土流失面积约为2252平方公里，约占全市总面积的20%，每年水土流失总量约4000万吨。水土流失问题已造成了很大危害，如土地生产力下降、水库淤积、河床抬高和洪涝频繁等。目前，全市森林覆盖率为21%左右，要达到生态系统的良性循环还有一段差距。由于人工林面积和经济林面积加大而天然林面积减少，森林树种趋于单一化。林地的整体生态系统调节能力下降，生物多样性差，森林病虫害不断加剧。

第二，水资源污染严重且短缺，水生态平衡失调。保定市境内主要有府河、拒马河、唐河等9条河流，其中除拒马河常年有水外，其他8条河流均断流，有的会有生产生活污水注入。其人均水资源量远不及我国平均水平，由于连年超采地下水，其地下水水位下降速度较快，地下水可供开采量不断减少，并在局部地区形成了地下水下降漏斗。同时，由于现行水价较低，水资源浪费严重。保定市25个县（市、区）仍没有建城市生活污染集中处理厂，大量没有达标处理的生活污水直接排放，使有限的水资源受到严重污染，水体自净和生态恢复能力下降，更加剧了水资源的短缺和水生态平衡失调带来的严重影响。

第三，大气污染严重。根据环境保护部有关负责人向媒体发布的2014年1月京津冀、长三角、珠三角区域及直辖市、省会城市和计划单列市等74个城市空气质量状况，按照城市环境空气质量综合指数评价，1月空气质量相对较差的前10位城市分别是邢台、石家庄、保定、邯郸、衡水、济南、唐山、成都、西安、武汉；空气质量相对较好的前10位城市是拉萨、舟山、海口、昆明、福州、厦门、深圳、珠海、惠州、中山，而拉萨、海口、昆明、福州、厦门、惠州空气质量保持稳定。由此可看出保定的空气污染极其严重。究其原因，主要是随着城市工业的发展，大气污染日益严重，空气质量进一步恶化。据调查发现，保定的首要污染物——可吸入颗粒物（PM10）的重量极其小，不宜沉降，于是漂浮在空中，被阳光吸收或散射，致使天空显得灰蒙蒙的，能见度低。扬尘污染也比较严重，特别是雨后更直观。工厂排出的废水、废气也使大气受到不同程度的污染，给市民的工作和生活带来严重不便。

4.1.2.2 保定市经济发展现状

近年来，保定市提出打造"中国电谷"的战略构想，依靠保定国家高新区新能源和能源设备产业，构建起中国可再生能源产业的制造中心、技术中心和信息中心，形成了光伏、风电、输变电、储电、节电、电力自动化六大产业体系，建成国内最大的"电字号"产业、技术、人才聚集区，这使保定成为面向世界的新能源产业领军城市。国家发改委和科技部分别命名保定为国家可再生能源产业化基地、新能源国家高技术产业基地、国家科技兴贸出口创新基地和全国首批"低碳城市发展项目试点城市"。在2009年，保定市新能源产业工业总产值就达到了549亿元，近期保定市还实施规划了总投资

307 亿元的硅材料、太阳能电池等新能源重点项目 36 项。

保定是世界自然基金会（WWF）"中国低碳城市发展项目"试点的唯一一中等城市。近年来，该市大力发展新能源产业，积极实施太阳能之城、办公楼低碳化运行、社区低碳化等重点工程，并计划用 3 ~ 10 年时间，建成年销售收入超千亿元的国际化新能源基地，打造中国首个低碳城市"样板"。

4.1.2.3 保定市低碳经济发展现状

为进一步提高住宅建筑节能标准，打造低碳保定，实现绿色崛起，保定市以科学发展观为指引，以保障国家能源安全、着力推进治污减排、实现绿色发展为宗旨，于 2014 年 7 月 1 日发布了新建住宅节能标准，新标准将新建住宅节能标准由原来的 65% 提高到 75%，这是河北省第一个提出"指标"的城市。这份标准有几个亮点。

（1）强制力要求。

比如，该标准要求保定市区新建保障性住房、建筑面积 10 万平方米及以上的住宅小区，自 2014 年 10 月 1 日起强制执行建筑节能 75% 标准，鼓励建设超低能耗被动式建筑。再如，为了加强可再生能源建筑的应用，强制推广太阳能光热建筑一体化政策，全市范围内所有 12 层及以下新建居住建筑和实行热水集中供应的医院、学校、饭店、游泳池、公共浴室（洗浴场所）等热水消耗大户，必须采用太阳能热水系统与建筑一体化技术。

（2）市区低碳示范项目，以低碳带动高碳减排。

比如，标准里提到要大力发展和推广应用低能耗建筑技术、工业化钢筋混凝土结构、钢结构等符合建筑产业现代化标准、节能效果明显的结构体系，积极开展建筑产业现代化和被动式低能耗建筑试点建设。具体而言，抓好涿州新华幕墙公司办公楼、奥润顺达中国门窗博物馆、长城家园住宅小区幼儿园、未来城 D 区幼儿园、保定市建筑节能研究所科研楼等被动式低能耗建筑示范项目建设，鼓励支持长城汽车公司较大规模被动式住宅项目的谋划和实施，做好市区 18 万平方米公租房住宅产业化工程，通过示范项目的引领，不断总结在建筑节能设计、施工、监管、材料选用等方面的经验，并逐步在全市推广。

（3）绿色建筑的核心是绿色建材，因此要大力发展绿色建材产业。

依托国家、省、市科研院所和知名高校，特别是充分发挥奥润顺达建筑节能院士工作站的作用，大力发展绿色建材产业。对于绿色、节能的新兴建材产业项目和企业，根据节能优先的原则，在政策、资金等方面向其倾斜，使其迅速发展壮大，带动、提升全市绿色建材产业，快速形成环京津地区新兴产业集群。

（4）大力提升建筑节能软实力。

着力培育建筑节能领域研发、检测和实验能力。在巩固奥润顺达同中国建筑科学研究院在门窗幕墙方面合作的基础上，进一步推动、支持双方深度合作。建设全国一流水平的检测实验中心，全面提升建筑节能技术水平，切实为建筑节能新材料研发和新兴产业崛起提供强有力的科技支撑。

（5）保证措施。

① 加强组织领导。成立由市政府主管领导任组长的保定市提高住宅节能标准领导小组，市住建、发改、规划、城管执法、工信、财政、公用事业、环保等部门及大唐保定热电厂、大唐清苑热电厂、大唐供热公司为成员单位。领导小组在市住建局下设办公室，办公室主任由市住建局局长兼任。探索建立建筑节能工作联席会议制度，完善和加强设计、施工和公共建筑、供热单位节能运行的监督执法机构，加强建筑节能综合管理，协调推进全市建筑节能工作。

② 加强节能监管。切实加强新建建筑节能全过程的监督管理。一是加大建筑节能设计审查监管，提高建筑节能设计、审查质量，不符合建筑节能75%标准的不得通过施工图审查。二是强化建筑节能施工的监督管理。严控建筑节能设计变更，防止通过施工图变更而随意降低建筑节能质量；严管建筑节能检测机构，严禁检测单位超资质、超范围检测或出具虚假建筑节能检测报告。三是严格执行建筑节能专项验收，对于达不到强制性节能标准的建筑，不得出具竣工验收合格报告。四是切实落实建筑节能信息公示制度，在施工现场主要出入口和销售现场显著位置真实、准确地公示节能性能、措施及要求等建筑节能基本信息。五是加强第三方节能量审核评价及建筑能耗测评机构能力建设，客观审核评估节能量。六是对违反建筑节能标准的，依据《民用建筑节能条例》等规定严肃查处。

③ 建立激励机制。一是市财政每年在城建资金中设立 2000 万元的建筑节能专项资金，用于建筑节能项目的奖励。二是对于建筑节能率达 75% 以上、耗热量指标 10 瓦/平方米的新建居住建筑，按 10 元/平方米补助；其中，10 万平方米以下项目补助总额不超过 80 万元，10 万~30 万平方米项目补助总额不超过 120 万元，30 万平方米以上项目补助总额不超过 150 万元。对于建筑节能率 90% 以上、耗热量指标小于等于 6 瓦/平方米的新建低能耗居住建筑，按 20 元/平方米补助，补助总额不超过 200 万元。建筑节能奖励补助，在项目节能专项验收合格后落实。三是对于建筑节能验收合格的项目，可同时减免 20% 的配套费。各县（市）和白沟新城可参照市区奖补办法，结合当

地财力，制定各自的建筑节能激励政策。

④加强节能宣传。一是聘请专家对本市开发建设、设计审图、施工、监理、检测、建材生产等单位的技术人员进行建筑节能75%标准具体做法培训，提高专业人员素质。二是积极宣传建筑节能的政策法规、重要意义及推广建筑节能的益处，提高公众对节能建筑的认知度，引导公众合理使用节能产品。

2014年8月30日至31日，2014年中国低碳发展战略高级别研讨会在北京召开。时任市长马誉峰出席了8月31日举行的"低碳发展与地方实践"专题论坛，并以多媒体形式做了题为"建设绿色低碳城市推动生态文明发展"的主旨演讲。

在本次会议上，保定市首次提出了以"太行山光伏示范带、地热资源开发、建筑节能推广、农村沼气利用"四项示范工程为重点的保定市低碳城市建设的理念、目标、主要做法和成效。马市长明确表示，作为国家第一批低碳试点城市，保定将坚定不移地推进低碳城市建设，通过脚踏实地的具体行动，为全国发展新能源产业、促进能源结构调整积累经验，为提高空气环境质量、促进民生改善做出贡献，努力走出一条节能环保、绿色低碳、具有保定特色的生态文明发展之路。

4.1.3 保定市低碳经济的必要性

保定市人口众多，但资源相对匮乏，生态环境脆弱。尽管如此，它仍旧肩负着维护京津生态安全和保护白洋淀的重大责任。针对这些现状，传统的经济模式已不能在工业化、城市化迅速发展的今日继续推行。以贯彻落实科学发展观，加快建设资源节约型、环境友好型社会为指针，经济的发展必须和环境保护结合起来，应大力发展以能源节约、新型能源推广和二氧化碳排放强度降低为主的低碳发展模式，这符合保定市发展实际。推行低碳经济的发展理念，把低碳经济融入城市的建设、人民的生活中去，建设低碳城市，有益于缓解资源环境的压力，抑制环境的继续恶化，提高资源的利用率，同时带动产业的升级，促进人与自然的和谐发展。发展低碳经济，是实现工业文明向生态文明转变的必然选择，是建设资源节约型、环境友好型社会的必然选择，是提高人民群众生活质量、维护人民群众长远利益和根本利益的必然要求，是推进经济结构调整、转变发展方式的必由之路。

4.1.3.1 京津冀一体化的必然要求

近几年来，京津冀地区笼罩在大气污染的阴影之下，成为雾霾频发的"重灾区"。据统计，2013年全国空气质量排名倒数后10名分别是邢台、石家庄、邯郸、唐山、保定、济南、衡水、西安、廊坊、郑州，京津冀地区占了 7 个，大气污染防治形势非常严峻。

2014 年提出的"京津冀一体化"，首先就是要环保一体化，实现可持续发展。保定地处京津石三角腹地，是环渤海经济圈和京津冀都市圈的重要成员，如何探索出一条经济社会发展与资源环境协调的可持续发展之路，是其面临的重大课题。

2014 年 5 月，在京津冀及周边地区大气污染防治协作机制会议上，时任中共中央政治局常委、国务院副总理张高丽指出，要把治理大气污染和改善环境生态作为京津冀协同发展的重要突破口，率先在大气污染协同防治上取得进展，通过区域协同发展统筹治理大气污染。

因此，京津冀一体化首先就是要实现环保一体化，就是要大力发展低碳经济，建立跨部门、跨地域的环境保护协调工作机制是未来京津冀地区环境污染治理的重要举措，环境保护工作的重点也将由计划投资工程性治理模式逐步向体制、法治管理过渡。因此，构建京津冀区域环境监测网络、推进区域环境信息共享将成为联防联控的重要任务。同时，京津冀地区产业结构和能源消费结构矛盾突出，在这种背景下，压减燃煤锅炉、煤炭清洁利用、天然气替代等将为相关领域上市公司带来巨大市场需求。

4.1.3.2 可持续发展的必然选择

在世界呼吁可持续发展的大背景下，作为世界上最大的发展中国家，中国如何实现其经济、社会、生态的可持续发展尤为重要。区域可持续发展具有重要的意义。区域发展是现代经济社会发展的主要载体，其可持续发展是一个国家实现可持续发展的主要推动力，也是一个重要突破口。另外，选择可持续发展，选择低碳经济，也是由保定的资源现状决定的。

（1）保定人口资源。

保定市是全国人口最多的地级市。根据 2010 年第 6 次全国人口普查，全市常住人口为 1119.44 万人，同第 5 次全国人口普查相比，10 年共增加 60.51 万人，增长 5.71%，年平均增长率为 0.56%。其中，男性人口为 565.10 万人，占 50.48%；女性人口为 554.34 万人，占 49.52%。总人口性别比（以女性为100）为 101.94。0~14 岁人口为 191.58 万人，占 17.11%；15~64 岁人口为837.06 万人，占 74.78%；65 岁及以上人口为 90.8 万人，占 8.11%。

（2）保定水资源。

① 降水量。保定市多年平均年降水 566.9 毫米。根据监测资料，2001—2008 年只有 2008 年属于丰水年，降水量为 667.3 毫米；2004 年、2007 年属

于平水年，降水量分别为 568.8 毫米、525.2 毫米；其余 5 年为枯水年，属偏枯时段。现状比多年平均年降水减少 15.4%。

② 地表水资源量。地表水资源来源于降水，但由于受下垫面等诸多因素的影响，其变化比降水还要剧烈，并且呈减少趋势。保定市多年平均地表水资源量 16.20 亿立方米，经计算 2001—2008 年平均地表水资源量为 5.01 亿立方米。现状比多年平均值减少 69.1%。

地表水如此剧烈减少主要是因为 20 世纪 80 年代以来，随着保定市工农业的迅速发展，人类活动影响加剧，流域下垫面条件等因素已发生很大变化。山区人类活动主要包括封山育林、建造石坝梯田、修建水库及塘坝等措施，这些措施改变了流域的自然形态，增强了流域调蓄能力，改变了产汇流规律，使流域入渗损失量及陆面的蒸散发量加大，从而导致地表产水量的减少。平原区人类活动的影响，主要是由于平原区大规模超量开采地下水，造成地下水埋深持续增大，土壤包气带逐年增厚，入渗损失增加。另外，由于种植结构和耕作方式的改变，农田灌溉面积增大，相应地加大了流域蒸散发量，从而导致平原区地表产水量的减少。

③ 地下水资源量。经计算分析，保定市多年平均地下水资源量为 22.23 亿立方米，2001—2008 年平均地下水资源量为 16.72 亿立方米。现状比多年平均值减少 24.8%。

④ 水资源总量。保定市多年平均水资源总量为 29.78 亿立方米，2001—2008 年平均水资源量为 17.63 亿立方米。现状比多年平均值减少 40.8%。

⑤ 入境水量。保定市多年平均入境水量为 6.32 亿立方米，2001—2008 年平均入境水量为 2.14 亿立方米。现状比多年平均值减少 66.1%。

由上述资料可见，近年来保定市降水量属偏枯时段，地表水资源量、地下水资源量、水资源总量及入境水量随降水的减少也在相应减少。

（3）保定土地资源。

保定市地势西高东低，山区、丘陵、平原依次分布，辖区内土壤种类繁多，分 13 个土类，28 个亚类，118 个土属，301 个土种，西部山区由高到低分布有亚高山草甸土、棕壤、山地褐土。平原为草甸褐土。各河下游及白洋淀周围为盐碱土和沼泽土，大沙河、唐河两侧多为沙土。

保定市耕地面积 1222.71 万亩。其中，水田 9.76 万亩，旱地 249.4 万亩，水浇地 930.36 万亩，菜地 33.04 万亩。

保定市园地面积 75.07 万亩。其中，果园 72.30 万亩，桑园 1526.6 万亩，其他园地 2.62 万亩。

保定市林地面积 320.94 万亩。其中，各种林地 318.1 万亩，苗圃 2.59 万亩，迹地 2378.5 亩。

保定市牧草地面积 6207.1 亩。其中，天然草地 2388.8 亩，人工草地 3818.3 亩。

保定市居民点及工矿用地面积 323.73 万亩。其中，城市 15.07 万亩，建制镇 18.96 万亩，农村居民点 231.57 万亩，独立工矿用地 43.44 万亩，特殊用地 14.69 万亩。

保定市交通用地面积 56.18 万亩。其中，铁路 3.14 万亩，公路 13.88 万亩，农村道路 39.15 万亩。

保定市水域面积 164.05 万亩。其中，河流 26.87 万亩，湖泊水面 21.84 万亩，水库水面 13.87 万亩，坑塘水面 9.46 万亩，苇地 15.36 万亩，滩涂 46.57 万亩，沟渠 23.33 万亩，水工建筑 6.74 万亩。

保定市未利用土地面积 1164.21 万亩。其中，荒草地 490.34 万亩，盐碱地 1.90 万亩，沼泽地 1.12 万亩，沙地 11.52 万亩，裸土地 4.88 万亩，田坎 45.70 万亩，其他 14.24 万亩。

（4）矿产资源。

保定市蕴藏各类矿产 60 余种，其中 24 种经地质勘察已探明有工业储量，39 种矿产已开发利用。全市矿产地 100 余处。其中，煤矿 16 处，保有储量 18554 万吨；黑色金属矿产 28 处，保有储量 10505 万吨；有色金属矿产 20 处，保有储量 1529971 吨；贵金属 13 处，保有储量 8547 千克；银 6 处，保有储量 661 吨；稀有稀土金属矿产 1 处，保有储量 4197 吨；冶金辅助原料矿产 4 处，保有储量 10649 万吨；化工原料非金属矿产 3 处，保有储量 128 万吨；建材非金属矿产 100 余处，保有储量 90203 万立方米。

全市金属矿产主要有铁、铜、铅、锌、钼、金、银等，其中，铜、锌、钼矿在全省占首位；非金属矿产主要有大理石、花岗岩、硫铁矿、石灰岩、白云岩、石英砂岩、云母、高岭土、砖瓦黏土等；能源矿产主要有煤、地热、石油、天然气等；矿泉水主要分布于高碑店、清苑、曲阳等。

（5）生态绿化建设。

2014 年，保定市完成造林 70 万亩。其中，人工造林 47.5 万亩，封山育林 22.5 万亩，义务植树 1400 万株，新育苗 5 万亩，新发展果树面积 17.2 万亩，新建果品采摘园 13 个，果品产量达到 155 万吨，新增花卉面积 0.6 万亩。

（6）环境治理。

保定目前的环境治理堪称史上最严，它采取网格化管理，分级监管，责任到人。在政府层面，以村为基本单元，建立政府环境监管三级网格管控体系。县级领导包乡，乡领导包村，村两委班子成员包企业，逐级签订责任状。同时，由县直相关部门组成工作组分包重点村。各级网格职责明确，强化基层政府的责任，污染防治工作向源头前移，将问题解决在最前沿。同时，环保系统也建立了一套防控体系，出台了《保定市大气污染整治驻厂员、监督员制度》，实行网格化监管，将 26 个县（市、区）210 个网格内的污染源细化到人，网格责任人对所属网格环境问题负全责。其针对有色金属回收加工、小塑料、小矿山等敏感集中区域设立监督点，每个点位派驻 4~6 名监督员；对 110 家国控企业实施二氧化硫、化学需氧量、氨氮 24 小时自动监控；对重点污染区域 24 小时不间断监管，对违法排污的企业顶格处理；对非法反弹的土小摊点及时取缔，追责到位。

4.1.4 保定市发展低碳经济的有利条件

（1）保定市新能源产业集群完整，基础良好。

保定有中国首座电谷大厦、中国最完整太阳能光伏产业链企业——英利集团及中国电谷风电产业园等。保定的新能源已明显形成几大产业集群，这就构成了建设低碳城市的良好基础，保定或将成为中国首个真正意义上的低碳城市。2007 年保定市就提出建设"太阳能之城"，通过在全市范围内引导、推广应用太阳能产品，到 2010 年节电 4.3 亿千瓦时，减排二氧化碳 42.8 万吨。3 年间，该市为推广太阳能技术投入了 18 亿元，2009 年完成全市所有小区和城区主要马路的太阳能照明改造。

（2）大型新能源企业的带动效应。

保定拥有中国唯一的国家新能源与能源设备产业基地"中国电谷"。在"中国电谷"，有我国唯一一家全产业链太阳能光伏电池生产企业——英利新能源有限公司。中航惠腾公司已成为国内最大的风电叶片生产企业；国电联合动力公司进入国内风电整机 5 强。目前，中国兵装集团、国电集团等一批央企已相继加盟"中国电谷"建设，以国家开发银行为主体的"中国电谷"金融平台建设全面启动。

（3）国家政策的支持。

保定先后被科技部、国家发改委等认定为全国唯一的"可再生能源产业化基地""新能源产业国家高技术产业基地"。近年来，保定新能源产业的增速保持在 50% 左右。2009 年，随着多晶硅提纯等一批超 10 亿元的重点项目投产，"中国电谷"产业规模和竞争能力再次提升。2008 年，保定已成为中国第一个公布二氧化碳减排目标的城市，2020 年比 2005 年单位 GDP 减排 51%。"中国电谷"将打造成一个以电力技术为基础的产业和企业群，重点发展风电产业、太阳能光伏发电产业、节能产业等七大产业园区，形成国内产业链最完整、竞争力最强的国家新能源产业基地。

4.2 保定市低碳经济评价

4.2.1 权重的确定

低碳经济评价指标权重设定的方法有专家经验法、等级序列法、权值因子法和层次分析法。在本书中，指标权重的确定将采用层次分析法。层次分析法（Analytic Hierarchy Process，AHP），是美国著名运筹学家 T. L. 萨蒂在 20 世纪 70 年代提出的一种评价方法，它充分利用人的分析、判断和综合能力，广泛应用于结构较为复杂、决策准则较多且不易量化的决策问题。其核心是把一个复杂决策问题表示为一个有序的递阶层次结构，通过比较判断，计算各种决策行为、方案和决策对象在不同准则及总准则之下的相对重要性量度，从而据之对其进行优劣排序，为决策者提供决策依据。

4.2.2 建立层次结构

本书根据对各指标的选择，划分出如下层次结构，如图 2-4-1 所示。

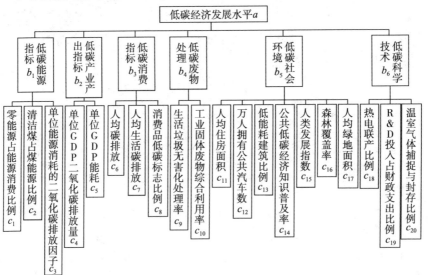

图 2-4-1 指标层次结构图

4.2.3 构造判断矩阵

专家评估模糊判断矩阵如表 2-4-1 所示。

表 2-4-1 专家评估模糊判断矩阵

	b_1	b_2	b_3	b_4	b_5	b_6
b_1	(1, 1, 1)	(1, 2, 3) (2, 3, 4) (1, 1, 2)	(1, 1, 1) (1, 2, 3) (2, 2, 3)	(1/4, 1/2, 1) (1/3, 1/2, 1) (1/5, 1/3, 1/2)	(3, 5, 7) (2, 3, 5) (3, 4, 5)	(1/5, 1/4, 1/3) (1/3, 1/2, 1) (1/5, 1/4, 1/3)
b_2	(1/3, 1/2, 1) (1/4, 1/3, 1/2) (1/2, 1, 1)	(1, 1, 1)	(1, 1, 1) (1, 2, 3) (2, 2, 3)	(1/3, 1/2, 1) (1/4, 1/3, 1/2) (1/4, 1/2, 1)	(3, 4, 7) (3, 5, 8) (3, 5, 7)	(1/2, 1, 1) (1/3, 1/2, 1) (1/4, 1/3, 1/2)
b_3	(1, 1, 1) (1/3, 1/2, 1) (1/3, 1/2, 1/2)	(1, 1, 1) (1/3, 1/2, 1) (1/3, 1/2, 1/2)	(1, 1, 1)	(1/2, 1, 1) (1/3, 1/2, 1) (1/4, 1/2, 1)	(1, 2, 3) (2, 3, 4) (2, 3, 4)	(1/5, 1/3, 1) (1/4, 1/2, 1) (1/5, 1/4, 1/2)
b_4	(1, 2, 4) (1, 2, 3) (2, 3, 5)	(1, 2, 3) (2, 3, 4) (1, 2, 4)	(1, 1, 2) (1, 2, 3) (1, 2, 4)	(1, 1, 1)	(7, 8, 9) (6, 7, 8) (5, 7, 9)	(1, 1, 1) (1, 1, 2) (1, 2, 3)
b_5	(1/7, 1/5, 1/3) (1/5, 1/3, 1/2) (1/5, 1/4, 1/3)	(1/7, 1/4, 1/3) (1/8, 1/5, 1/3) (1/7, 1/5, 1/3)	(1/3, 1/2, 1) (1/4, 1/3, 1/2) (1/4, 1/3, 1/2)	(1/9, 1/8, 1/7) (1/8, 1/7, 1/6) (1/9, 1/7, 1/5)	(1, 1, 1)	(1/8, 1/7, 1/6) (1/9, 1/8, 1/7) (1/9, 1/7, 1/5)
b_6	(3, 4, 5) (1, 2, 3) (3, 4, 5)	(1, 1, 2) (1, 2, 3) (2, 3, 4)	(1, 3, 5) (1, 2, 4) (2, 4, 5)	(1, 1, 1) (1/2, 1, 2) (1/3, 1/2, 1)	(6, 7, 8) (7, 8, 9) (5, 7, 9)	(1, 1, 1)

三个模糊值整合成一个后的模糊判断矩阵如表 2-4-2 所示。

表 2-4-2 三个模糊值整合成一个后的模糊糊判断矩阵

	b_1	b_2	b_3	b_4	b_5	b_6
b_1	(1, 1, 1)	(1.333, 2, 3)	(1.333, 1.667, 2.333)	(0.261, 0.444, 1.167)	(2.667, 4, 5.667)	(0.244, 0.333, 0.556)
b_2	(0, 361, 0.611, 0.833)	(1, 1, 1)	(1.333, 1.667, 2.333)	(0, 278, 0.444, 0.833)	(3, 4.667, 7.333)	(0.361, 0.611, 0.833)
b_3	(0.556, 0.667, 0.833)	(0.556, 0.667, 0.833)	(1, 1, 1)	(0.361, 0.667, 1)	(1.667, 2.667, 3.667)	(0.217, 0.361, 0.833)

	b_1	b_2	b_3	b_4	b_5	b_6
b_4	(1.333, 2.333, 4)	(1.333, 2.333, 3.677)	(1, 1.667, 3)	(1, 1, 1)	(6, 7.333, 8.667)	(1, 1.333, 2)
b_5	(0.181, 0.261, 0.333)	(0.137, 0.217, 0.333)	(0.278, 0.389, 0.667)	(0.116, 0.137, 0.170)	(1, 1, 1)	(0.116, 0.137, 0.170)
b_6	(2.333, 3.333, 4.333)	(1.333, 2, 3)	(1.333, 3, 4.667)	(0.611, 0.833, 1)	(6, 7.333, 8.667)	(1, 1, 1)

4.2.4　计算相对权重及一致性

第 k 层元素 i 的综合模糊值 D_i（初始权重）：

$$D_i = \sum_{j=1}^{n} a_{ij} \div \left(\sum_{i=1}^{n} \sum_{j=1}^{n} a_{ij} \right) i = 1,2,\cdots,n$$

以 b_1 为例，

$$\sum_{i=1}^{6} \sum_{j=1}^{6} a_{ij} = (1,1,1) + (1.333,2,3) + (1.333,1.667,2.333) + \cdots +$$
$$(1,1,1) = (43.632,60.834,82.728)$$

$$\sum_{j=1}^{6} a_{1j} = (1,1,1) + (1.333,2,3) + (1.333,1.667,2.333) +$$
$$(0.261,0.444,1.167) + (2.667,4,5.667)$$
$$(0.244,0.333,0.556) = (6.838,9.444,13.723)$$

得到：

$$D_{b1} = (6.838, 9.444, 13.723) \div (43.632, 60.834, 82.728)$$
$$= (0.083, 0.155, 0.315)$$

同理得到：

$$D_{b2} = (0.077, 0.148, 0.302);$$
$$D_{b3} = (0.053, 0.111, 0.187);$$
$$D_{b4} = (0.141, 0.263, 0.512);$$
$$D_{b5} = (0.054, 0.092, 0.153);$$
$$D_{b6} = (0.152, 0.288, 0.520).$$

对于 D_{b1}、D_{b2}、D_{b3}、D_{b4}、D_{b5}、D_{b6} 去模糊化，得 b_1、b_2、b_3、b_4、b_5、b_6 的最终权重：

设 M_1 (l_1, m_1, u_1)，M_2 (l_2, m_2, u_2)，$M_1 \geq M_2$ 的可能度用三角模糊函数表示为：

$$V(M_1 \geq M_2) = \sup x \geq y \left[\min(u_{m1}(x); u_{m2}(x)) \right]$$

$$V(M_1 \geq M_2) = u(d) = \begin{cases} 1, & m_1 \geq m_2 \\ \dfrac{l_2 - u_1}{(m_1 - u_1) - (m_2 - l_2)}, & m_1 \leq m_2, \ u_1 \geq l_2 \\ 0, & \text{otherwise} \end{cases}$$

一个模糊数大于其他 k 个模糊数的可能度：

$$V(M \geq M_1, M_2 \cdots M_k) = \min V(M \geq M_i) \quad i = 1, 2, \cdots, k$$

$$V(D_{b1} \geq D_{b2}) = 1$$

$$V(D_{b1} \geq D_{b3}) = 1$$

$$V(D_{b1} \geq D_{b4}) = \frac{0.141 - 0.315}{(0.155 - 0.315) - (0.263 - 0.141)} = 0.617$$

$$V(D_{b1} \geq D_{b5}) = 1$$

$$V(D_{b1} \geq D_{b6}) = \frac{0.152 - 0.315}{(0.155 - 0.315) - (0.288 - 0.152)} = 0.551$$

$$d(b_1) = \min V(D_{b1} \geq D_{b2}, D_{b3}, D_{b4}, D_{b5}, D_{b6})$$
$$= \min V(1, 1, 0.617, 1, 0.551) = 0.551$$

同理可得到：

$$d(b_2) = \min V(D_{b2} \geq D_{b1}, D_{b3}, D_{b4}, D_{b5}, D_{b6})$$
$$= \min V(0.969, 1, 0.583, 1, 0.517) = 0.517$$

$$d(b_3) = \min V(D_{b3} \geq D_{b1}, D_{b2}, D_{b4}, D_{b5}, D_{b6})$$
$$= \min V(0.703, 0.912, 0.232, 1, 0.165) = 0.165$$

$$d(b_4) = \min V(D_{b4} \geq D_{b1}, D_{b2}, D_{b3}, D_{b5}, D_{b6})$$
$$= \min V(1, 1, 1, 1, 0.935) = 0.935$$

$$d(b_5) = \min V(D_{b5} \geq D_{b1}, D_{b2}, D_{b3}, D_{b4}, D_{b6})$$
$$= \min V(0.526, 0.576, 0.840, 0.066, 0.051)$$
$$= 0.051$$

$$d(b_6) = \min V(D_{b6} \geq D_{b1}, D_{b2}, D_{b3}, D_{b4}, D_{b5})$$
$$= \min V(1, 1, 1, 1, 1) = 1$$

将 $d(b_1)$、$d(b_2)$、$d(b_3)$、$d(b_4)$、$d(b_5)$、$d(b_6)$ 标准化，得到

各指标的标准化权重：

$$(W_{b1}, W_{b2}, W_{b3}, W_{b4}, W_{b5}, W_{b6})$$
$$= (0.171, 0.161, 0.051, 0.290, 0.016, 0.311)$$

同理，可确定第三层措施层的各指标的权重，层次综合排序的权重如表 2-4-3 所示。

表 2-4-3　层次综合排序的权重

	$W_{b1}=0.171$	$W_{b2}=0.161$	$W_{b3}=0.051$	$W_{b4}=0.290$	$W_{b5}=0.016$	$W_{b6}=0.311$	总排序
c_1	0.203	0	0	0	0	0	0.0347
c_2	0.457	0	0	0	0	0	0.0781
c_3	0.340	0	0	0	0	0	0.0581
c_4	0	0.493	0	0	0	0	0.0794
c_5	0	0.507	0	0	0	0	0.0816
c_6	0	0	0.365	0	0	0	0.0186
c_7	0	0	0.327	0	0	0	0.0167
c_8	0	0	0.308	0	0	0	0.0157
c_9	0	0	0	0.452	0	0	0.1311
c_{10}	0	0	0	0.548	0	0	0.1589
c_{11}	0	0	0	0	0.089	0	0.0014
c_{12}	0	0	0	0	0.258	0	0.0041
c_{13}	0	0	0	0	0.214	0	0.0034
c_{14}	0	0	0	0	0.053	0	0.0008
c_{15}	0	0	0	0	0.204	0	0.0033
c_{16}	0	0	0	0	0.157	0	0.0025
c_{17}	0	0	0	0	0.045	0	0.0007
c_{18}	0	0	0	0	0	0.252	0.0784
c_{19}	0	0	0	0	0	0.315	0.0980
c_{20}	0	0	0	0	0	0.433	0.1347

4.2.5　一致性检验

一致性比例 CR、一致性指标 CI、平均随机一致性指标 RI 有如下关系：

$$CR = \frac{CI}{RI}$$

而

$$CI = \frac{\lambda_{\max} - n}{n - 1}$$

$n = 6$，$RI = 1.24$

$\lambda_{\max} = 6.333$，$CI = 0.0666$，$CR = 0.0537 < 0.1$，通过一致性检验。

评价结果汇总如表 2 - 4 - 4 所示。

表 2 - 4 - 4　评价结果汇总

	低碳能源指标	低碳产业产出指标	低碳消费指标	低碳废物处理	低碳社会环境	低碳科学技术
权重值	0.171	0.161	0.051	0.290	0.016	0.311
评价	一般因素	一般因素	偏差因素	偏重因素	偏差因素	偏重因素

4.2.6　数据的收集与整理

4.2.6.1　数据的收集

2008 年年初，在国家建设部与世界自然基金会上，上海和保定被指定为"低碳城市"的首批试点城市。保定之所以能够被选中，主要是由于以中国英利为代表的新能源产业。北京时间 6 月 13 日凌晨，在巴西队与克罗地亚队的比赛中，"中国英利、光伏入户"的方块字交替出现在赛场上，英利利用提供给本届世界杯的光伏设备减排量抵消了其巴西推广活动的碳排放，由此成为世界杯史上首个实现零碳排放的赞助商。

保定市地处京、津、石三角中心地带，辖 4 市、18 县、3 区和 1 个国家级高新技术产业开发区，总面积约为 2.2 万平方公里，总人口约为 1153 万。其 2013 年地区生产总值 2650.6 亿元，全部财政收入 324.8 亿元。其在 2010 年的三次产业比重值为 14.8∶51.9∶33.3，由此呈现出工业化、城镇化快速发展的特征。

《河北省保定市低碳城市试点工作实施方案》显示，到 2015 年，单位 GDP 能源消耗强度比 2010 年下降 16%，非化石能源占一次性能源消费的比重达到 5% 以上，单位 GDP 二氧化碳排放比 2010 年下降 18% 以上；到 2020 年，努力实现全市单位 GDP 二氧化碳排放比 2005 年下降 48% 左右。据国家能源局宣布与京津冀三省市及相关能源企业签订了《散煤清洁化治理协议》，力争到 2017 年年底，京津冀基本建立以县（区）为单位的全密闭配煤中心、覆盖所有乡镇村的洁净煤供应网络，优质低硫散煤、洁净型煤在民用燃煤中的使用比例达到 90% 以上。据 2012 年统计，近年来，中国在碳减排方面的力度不可谓不大，自 1990 年以来，全球单位 GDP 的二氧化碳排放量平均下降了 15%，而中国下降了 50%。

据了解，保定在打造低碳交通综合运输体系时，就计划将在 643 公里的高速公路建设中每公里使用废旧轮胎改性沥青材料 264.44 吨，这样一来就能减少二氧化碳排放量 59513 吨；2011 年至 2013 年，在高速公路建设中全面推广温拌沥青低碳铺路技术，节约燃油 255 吨，减少 773.11 吨二氧化碳排放量。其在公路绿化中将积极实施乔灌木复层种植，构建公路绿色长廊，利用植被吸碳功能，实现间接减碳。到 2013 年，全市国省干线沿线移栽抗旱、抗寒乔木 10 万株，以及花草等 200 万株，每天可多吸收二氧化碳 180 吨。到 2009 年年底，保定已经在所辖高速公路服务区内实施了 LED 照明改建项目，将照明设备全部改建为节能光源。之后 5 年，保定又在高速公路沿线相关地段安装 72721 盏 LED 灯，一年节约电能 8281.5 万度。同时，其还将选择几个高速公路服务区，在全省率先启动服务区太阳能、风能能源自给的低碳建设工程项目。在城市公交方面，截至 2013 年，保定新建 19 座压缩天然气加气站，基本满足了城市公交车辆的用气需求。

4.2.6.2 数据的合成

由以上各种数据可以看出，近年来，保定在低碳经济的发展方面呈蒸蒸日上之势，在建设方面基本以低碳发展为基本点实施各项措施，并取得了一定的成效。

伴随着工业化、城镇化的快速发展，低碳经济尤为重要，而低碳技术、低碳废物处理等能力也得到了足够的重视。以英利企业为例，英利公司不仅为全市供应大量绿色能源，同时也为环保做出了很大贡献，如表 2 - 4 - 5 所示。

表 2 - 4 - 5　英利公司 2007—2010 年的节能减排贡献表

年份	能源（兆瓦）	年产电量（万度）	节约标准煤（吨）	减排二氧化碳（吨）	减排二氧化硫（吨）	减排烟尘（吨）
2007	200	21800	87360	63336	1965.6	1485.12
2008	400	43600	174720	126672	3931.2	2970.24
2009	600	65400	262080	190008	5896.8	4455.36
2010	1400	152600	611520	443352	13759.2	1039.84

4.2.7　评价与分析

保定发展低碳经济，是实现资源环境与经济发展双赢的必然选择。

首先，低碳经济能够带动保定经济的发展。保定的低碳经济源于新能源及能源设备产业，它是保定经济发展中最强有力的支撑产业。在 2008 年的经济危机下，保定高新技术开发区的产值仍处于增长态势，没有受到太大的影响，保定的新能源产业对工业的贡献率达到 15% 左右，拉动工业增加值增长 4 个百分点，这也充分体现了低碳经济的实施对保定带来的经济效益。

其次，低碳经济能够带动循环经济的发展，达到可持续发展的目标。循环经济更多考虑的是可再生资源，重复利用，让本就匮乏的资源能够不再匮乏，尤其是用循环资源代替那些不可再生资源，真正实现社会的可持续发展。保定低碳经济的建设，尤其是新能源产业的大力发展，能够缓解其他地区资源的使用情况，为其可持续发展创造有利条件，在真正意义上促进整个社会循环经济的发展。

最后，在保定经济发展的浪潮中，低碳经济产业，也就是保定高新区的新能源产业毫无疑问起着一定的主导作用，它的持续大力发展会使资本、技术高度集中，形成一定的规模经济效益，若它自身的增长速度加快，则会对周围区域产生一定的辐射作用，从而更加吸引外部专业性、服务业及配套设施的建立，在产业规模扩大的同时，会不断引进劳动力，加快城市化的进程。

4.2.8 结论及展望

4.2.8.1 结论

大力发展新能源产业，是保定落实低碳经济发展的科学之路。中国一直以落实科学发展观为指导思想，提出可持续发展的理念来应对能源短缺、枯竭及环保问题。我国在落实科学发展观和可持续发展的过程中，为适应世界经济形势的发展提出了循环经济及低碳经济，以此来改变我国传统的经济模式，进而实现经济和资源环境双赢。事实证明，新能源产业的发展是必经之路，而保定有着新能源产业的基础，须与中国经济发展共脉，大力发展新能源产业是方向正确的选择。然而在此过程中，仍存在不足之处。

第一，保定在建设低碳城市过程中，政府应该加强相关措施的实施。保定政府在 2008 年发布了《保定市人民政府关于建设低碳生活的意见（试行）》，虽然形成了一定时期内的指导纲领，对低碳经济相关问题做了一定的规划，但还远远不够，还需要强有力的措施做支撑，不能光靠企业和个人的努力。

第二，保定新能源继续发展的瓶颈是人才与技术的缺少。新能源产业属于高新技术产业，先不论保定，就我国来说，在这方面的技术也尚不完备，有足够资金进行自主研发的企业也很少，多是从国外购买许可证。技术的研发需要人才，这方面的高新技术人才也十分缺乏，这也是致使保定低碳经济在技术升级方面发展滞后的原因之一。

第三，保定并不属于发达城市，而发展新能源产业成本高，许多原材料都需要从国外进口而来，比如阳能光伏产业，硅是其重要的原材料，由于国内的技术不够先进，不能完成硅的纯度要求，只能靠进口。这种材料的价格可以在短短几年内翻几番，由于没有足够的资金，发展规模小。站在投资角度来看，投资风险大，没有利益的保障，实现扩大发展就显得困难。

第四，其在低碳城市的发展中，并没有使全民认识到低碳消费的基本理念。大多数人根本没有"低碳"这一概念，而且有的甚至认为打造低碳城市与个人并无太大关系，靠个人是根本无法实现的。这种心态的存在对低碳城市的建设会产生很大影响，因此必须加强在这方面的宣传，使低碳概念深入人心，以便于各种措施的实行。

4.2.8.2 展望

第一，应加强保定临近区域的共同发展。保定要想实现低碳经济的又好又快发展，光靠自身的企业远远不够。保定有着自身的地理位置优势，毗邻北京、天津、石家庄三大城市，可以进行优势互补。保定缺乏专业技术型人才，而北京作为我国的首都城市，聚集着大量的人才，科技机构很多，保定可以从中引进人才，解决产业生产中技术上的难题；而保定可以发挥自身优势，大力建设"中国电谷"，融入区域共同发展。在这几所城市中，保定与其明显有一定的差距，如果能够与这些城市协作共同发展，定能从中获益，促进自身的全面发展，进一步提高经济实力。

第二，低碳经济并不仅仅限于新能源产业，它可以是生活中的方方面面，在未来，应推动低碳经济的全面发展。保定目前只是在新能源产业有所建树，但在农业、服务业等方面还有待发展。保定各县区的农业大部分还是粗放经营，农药化肥过度使用，秸秆等废弃物就地燃烧现象严重。在未来的发展中，要着力开发利用秸秆、零散木材、枯树枝、杂草、牲畜粪便等生物质燃料，使之经过改造后成为新的能源。最简便易行的形式就是建造沼气池，生产沼气，目前的新技术是通过压缩这些废弃物使之固化成型，生产块状燃料。在各县区农村，有专业人员指导农民建造沼气池用于家庭燃料使用，在工业较发达的地区，建造生物质燃料压块厂，避免了秸秆等废弃物就地燃烧产生的污染，同时也使得废弃物得到了充分的利用，既实现了清洁能源的使用，减少了碳的排放，又改善了农村的卫生状况，达到了村容整洁的目的。此外，对于餐饮、洗浴等耗能较多的行业，在满足居民需求、不影响生活质量的基础上，应加大力度支持其使用太阳能等清洁能源，以减少传统煤、天然气的燃烧。保定自然环境优美，名胜古迹众多的县区可以凭借丰富的旅游资源发展生态观光旅游和休闲旅游产业，发展绿色食品加工业，保护当地的旅游资源，以较少的能源投入和消耗带动贫困县的经济增长。

第三，提高全民的低碳意识。低碳城市的建设需要全社会共同参与，应通过科普教育宣传等方式，在居民中普及低碳知识，提高市民的低碳意识。千里之行，始于足下，可以让市民从身边小事做起，减少一次性筷子的使用，使用节能灯具和家电，使用新能源电力代替传统的煤和天然气；大力发展公共交通，提高公共交通的运行效率和覆盖率，鼓励市民多乘公共汽车，减少私家车的使用，从而减少油料燃烧和尾气排放；提倡多种植树木等，从细小行动中推动保定低碳城市的建立。

第三篇

低碳产业

1 低碳产业

1.1 低碳产业概述

2003 年英国政府发表了《我们未来的能源：创建低碳经济》白皮书，首次提出了"低碳经济"（low carbon economy）的概念。以低能耗、低污染为基础的低碳经济，被广泛认为是继工业革命后改变全球经济的又一次革命浪潮。经济形态和产业密不可分，"新经济体"的诞生必然伴随着新产业的诞生。英国政府于 2009 年发布了《低碳产业战略远景》，认为全球在向低碳经济转型的过程中，新兴的低碳产业将起到至关重要的作用，并将会创造巨大的商业机会和就业机会。

另外，无论在哪种经济发展模式下，产业都是一个国家经济的重要组成部分。新兴的低碳产业则为低碳经济的发展提供了源源不断的动力。低碳产业的发展与产业竞争优势的培育，可以从创造和提升生产要素、构建低碳产业创新系统、扩大和提高低碳产品国内需求的规模和质量、推动低碳产业集群的形成、建立和维护市场竞争的秩序等方面着手。同时，低碳产业与传统的产业也是有所区别的，它的发展与低碳技术和低碳经济的发展密切相关，而低碳产业发展所需要的生产要素也与传统产业类型不尽相同，因此，发展低碳产业首先要创造低碳产业发展所需要的生产要素，特别是高级生产要素和专业生产要素。

1.2 低碳产业的概念

狭义来讲，低碳产业是指提供以减少二氧化碳排放为标准的服务和产品的行业。广义来讲，低碳产业是指有助于节能减排的所有行业类别，增加了通过提供节能技术服务间接减少二氧化碳排放的行业（如清洁生产技术）和处理已经产生二氧化碳的行业（如森林碳汇），以及服务于碳排放权交易市场的所有行业。因此，低碳产业涉及电力、交通、建筑、冶金、化工、石化等部门，以及可再生能源及新能源、煤的清洁高效利用、油气资源和煤层气的勘探开发等各个领域，几乎涵盖了 GDP 的所有支柱产业，甚至还包括为低碳技术行业服务的上下游产业。

综上所述，低碳产业是指以碳减排量或碳排放权为资源，以节能减排技术为基础，从事节能减排产品的研究、开发、生产的综合性的产业集合体，它是低碳经济时代的基础，是国民经济的基本组成部分。

1.3 低碳产业的特征

低碳经济实际上就是提升能源的使用效率，将经济发展对生态环境的损害程度降到最低，是高碳能源时代向低碳能源时代演化的一种经济发展模式。这种经济模式与传统的只追求生产效率和利润最大化的产业模式是不同的，因此，低碳产业可以改变现代社会人类由于生产生活而对自然环境造成极大破坏的局面，使人们可以更加高效地利用自然资源，减少对自然资源的破坏，使人与自然更加和谐地相处。与传统产业相比，低碳产业应该具有以下特征。

（1）符合低碳经济发展的要求。

时任国家环境保护部部长周生贤指出："低碳经济是以低耗能、低排放、低污染为基础的经济模式，是人类社会继原始文明、农业文明、工业文明之后的又一大进步。其实质是提高能源利用效率和创建清洁能源结构，核心是技术创新、制度创新和发展观的转变。发展低碳经济，是一场涉及生产模式、生活方式、价值观念和国家权益的全球性革命。"

由上述概念可知，发展低碳经济的关键是使节能减排和经济可持续发展并行。因此，作为低碳经济的载体，低碳产业必须具有低碳特征，不断创新低碳技术并应用到低碳产业中，使国民经济逐步达到低碳经济的要求。

（2）具有节能减排的能力。

传统产业高投入、高消耗、高污染、低效益的特征使得人类在发展产业的同时对自然环境造成了巨大的伤害，节能减排是产业低碳化发展的主要目标。低碳经济要求产业用最少的能源消耗收获最大的利润所得。因此，低碳产业是能够实现低碳发展、清洁发展、低成本发展、低代价发展的产业，这些产业能够节约资源，保护我们的自然环境，减少污染，在给人们带来经济利益的同时，也保护了人类赖以生存的地球家园。

（3）具有国家战略性地位。

低碳产业的发展顺应了国际大趋势，是新经济发展的突破口，例如，太阳能光伏产业、绿色照明产业、自然生态农业、风能发电产业、生物技术等新兴产业都得到了国家的大力支持以及相应的优惠政策，这些新兴产业不同于传统产业，它们着眼于未来，为国民经济与国民生存环境的并行发展做出巨大贡献，具有能够成为一个国家未来经济支柱产业的可能性，在国民经济中具有战略性地位。

（4）低碳技术的突破是关键。

低碳技术的创新是低碳产业发展的基础，无论是新能源的开发利用还是能源效率的提高问题，都要依赖低碳技术的发展。因此，低碳技术的突破将是低碳产业发展的关键，特别是节能技术、可再生能源技术、核能技术、氢能技术以及传统能源低碳化利用技术的突破，将是低碳产业能否规模化、专业化发展的重要前提。

（5）绿色生产方式是主导。

低碳产业可以逐渐改善人们的生活环境，其依托创新低碳技术的生产过程和所生产的产品对环境和人体健康都更加有利，绿色的生产方式会让人类在享受产业科技进步的同时，仍然拥有自然舒适的生活环境。其与现在绿色生活的理念不谋而合，从而共同创造绿色经济、低碳经济。

2 国内外低碳产业发展现状

2.1 国外低碳产业发展现状

2.1.1 英国低碳产业发展

（1）英国低碳产业发展现状。

英国政府的相关职责部门负责建立开放竞争的市场和符合实际的监管框架，并向社会提供面向未来的清晰、明确的信号；同时，还负有避免市场失灵、使资源最优配置，以及帮助英国企业在低碳经济转型过程中机会最大化、耗费最小化的职责。

2007 年，英国成立了气候变化办公室（OCC），负责制定气候和能源策略，并处理跨部门的策略协调问题。

2008 年 10 月，英国成立了能源和气候变化部（DECC），目的是应对气候变化带来的挑战、促进低碳经济转型，DECC 在引领英国转向低碳经济的过程中扮演着重要的领导角色。

2009 年 6 月 5 日，英国政府合并了原来的创新、大学技能部（DIUS）和商业、企业及管制改革部（BERR），新成立了商业创新和技能培训部（BIS），其职责为增强英国在全球经济中的竞争力。

2009 年 7 月 15 日，BIS 与 DECC 联合发布《英国低碳工业战略》，详细描述了低碳经济时代的机遇意义、当前应该采取的行动、如何加强低碳经济创新和如何促进英国整体经济向低碳方向转移等战略内容。英国政府还于同日发布《英国低碳迁移计划——国家气候能源战略》，对低碳迁移的具体任务目标进行了部署。

（2）英国低碳产业发展的特点。

英国是世界上控制气候变化最积极的倡导者和实践者，也是先行者。英国将激励机制、强制性的法规标准和节约能源技术相结合，为低碳产业的实行开辟了一条光明大道。

① 激励机制。英国通过实施气候变化税（CCL）制度、推出气候变化协议（CCA）和规范排放贸易机制等激励机制，鼓励英国民众企业实行低碳产业。

气候变化税于 2001 年 4 月 1 日开始实施，针对不同的能源品种，其税率也不同。该制度也是英国气候变化总体战略的核心部分。通过对各种能源品种征税，可以提高使用清洁能源的比重的效果，限制高碳基能源，最终减少二氧化碳的排放量，保护我们的生活环境。

气候变化协议是针对英国能源密集型产业推出的一项协议，也是对气候变化税的进一步细化。征收气候变化税对能源密集型产业会造成很严重的损失和负担，为减轻该产业负担，英国政府又推出气候变化协议。其具体做法是：能源密集型产业和政府签订温室气体排放协议，如果达到协议规定的能源效率，政府承诺减少征收气候变化税的 80%。反之，如果企业不能实现约定，政府则不允许这些企业参加英国排放贸易机制。

英国还是实施温室气体排放贸易机制的先行国家，规范排放贸易机制是指为了保证减排的真实性，所有承诺减排目标的参与者必须按相关条例严格检测和报告企业每年的排放状况，并经过有职业资格的第三方独立认证机构的核实。

② 强制性的法规标准。健全的法律法规和完善的技术标准是节能减排的坚实基础。英国政府通过制定立法和颁布对行业、部门的最低能效标准和排放标准来推动低碳经济发展。比如，英国政府出台了可持续住房标准，分为 6 个等级限定能源效率和水效率的最小消费标准，对所有租赁和出售的建筑物将实行能源绩效证书管理制度，并自 2008 年起，要求所有家用照明灯都必须是低能耗种类。

③ 节约能源技术。近二三十年来，英国的节约能源技术得到较大发展。在工业节能方面，包括供暖和空调节能、工业循环水系统能源优化、余热发电、供电系统节能等，高效节能锅炉、节能型供热或制冷设备、节能电机和变频器、节能家电和节能灯泡等节能设备及产品不断问世，能源利用效率得到稳步提高。目前，整体联合气化循环发电技术（IGCC）和天然气联合循环发电技术（NGCC）备受关注。IGCC 技术是一种有广阔发展前景的洁净煤发电技术，英国正在加快 IGCC 示范电站建立进程。

2.1.2 日本低碳产业发展

（1）日本低碳产业发展现状。

2007 年 6 月，日本内阁会议制定的"21 世纪环境立国战略"指出，为了克服地球变暖等环境危机，实现"可持续社会"的目标，需要综合推进"低碳社会""循环型社会"和"与自然和谐共生的社会"建设。

2008 年 7 月，日本内阁通过了《建设低碳社会的行动计划》，并向全社会公布。这是中央环境审议会地球环境部会为了明确实现"低碳社会建设"的努力方向，在针对其基本理念、具体构想及实施战略进行广泛讨论和争取意见的基础上形成的。

2008 年 7 月，日本政府选定了 6 个积极采取切实有效措施防止温室效应的地方城市作为"环境模范城市"。被选中的城市有人口超过 70 万的"大城市"横滨、九州，人口在 10 万人以下的"地方中心城市"带广市、富山市，以及人口不到 10 万的"小规模市县村"熊本县水俣、北海道下川町等。日本创建"环境模范城市"的出发点就是建立低碳社会，以城市为单位的生活方式转变、改善城市功能及交通系统等也是重要内容。这些"环境模范城市"通过多项活动加快向低碳社会转型的步伐，包括削减垃圾数量、开展"绿色能源项目""零排放交通项目"等。

2009 年 4 月，日本环境省又公布了名为《绿色经济与社会变革》的政策草案。其目的是通过实行减少温室气体排放等措施，强化日本的低碳经济。

（2）日本低碳产业发展的特点。

与低碳产业的先行者英国相比，日本除了采用与英国类似的强制性的法规标准和激励性的财税政策外，还创新出碳交易计划，同时积极推进节能减排的技术创新，这些产业特点都促进了日本低碳产业的更好发展。

① 强制性的法规标准。日本政府按照汽车重量进行分类，对汽油和柴油轻型客货车制定了燃油经济性标准。根据标准，2010 年，汽油客车的燃油经济性需要达到 15.1 公里/升，比 1995 年提高 22.8%。日本的尾气排放标准则将汽车、摩托车、特种汽车分为 22 类，对各种车型的碳氢化合物（HC）、非甲烷烃（NMHC）、一氧化碳（CO）、氮氧化物（NOx）和颗粒物（PM）排放进行限定。

② 激励性的财税政策。在发展节能环保汽车方面，政府征收燃油税，从而增加了不使用节能环保汽车用户的燃油开支。欧盟各国、日本和美国普遍征收燃油税。

③ 碳交易计划。碳交易市场近年来得到迅速发展。碳交易即政府制定一个行业、部门、地区或国家可能会排放的温室气体的总量上限，然后给予或出售给企业有限额规定的许可证且这个排放许可可以在排放者之间相互交易，企业排放的量如果超出许可证的上限，就必须在公开市场上购买排放配额。日本东京都制定了东京都碳捕获和交易计划，对东京都内的能源消耗大户定加减排指标，若完成不了，就必须购买碳信用来填补不足，这是全世界第一个涵盖城市商业领域二氧化碳排放源的强制性减排计划。

④ 积极推进节能减排的技术创新。日本的技术改进在节能活动中主要表现为：对需要改进的技术设备进行甄别，投入资金和人才制定合理的节能目标，开发新技术，推广节能新技术，反馈节能效果，再筛选需要改进的技术，等等。这种不断改进的节能技术带动了日本节能水平不断提高。第一，生产设备的节能技术改进。企业实施"脱石油、省能源"政策，大力压缩石油使用量，使工矿企业石油消费量迅速下降。日本在石油危机以后，钢铁业推动了工序的连续化和工序省略；在 20 世纪 80 年代推进普及大型废热回收设备，此后又加强了对废热的回收和提高设备的效率。

2.2　国内低碳产业发展现状

低碳经济已经成为全球经济发展的潮流。低碳产业是低碳经济的重要组成部分，也是实现节能减排和可持续发展的重要途径。各个国家都将低碳产业作为其经济发展的新动力。我国目前也在低碳产业上不断追求创新和努力，已经取得了一定的成果，但是仍然存在很多问题。当前，我国需要的是强化资源节约型、环境友好型、产业低碳型及社会综合型的低碳产业技术开发，建立多层次循环经济体系和以低碳建筑及交通、生态环境治理为代表的低碳产业应用模式，完善由基础制度、激励制度、约束制度和配套制度所构成的制度载体，推动我国低碳产业发展。我国低碳产业发展现状如下。

（1）我国低碳产业市场空间巨大。

中国计划在 2050 年将可再生能源占能源总比重从目前的 9% 提高到 40% 左右，"十二五"规划明确提出单位 GDP 能源消耗降低 16%，主要污染物排放总量减少 10%，以上规划分别给新兴能源、节能环保带来巨大的市场机遇。

（2）我国低碳产业发展迅速，具有较大规模。

我国以太阳能、风能为代表的新能源发展迅速，目前已成为世界第二大风能市场、全球最大的太阳能光伏设备制造者。根据国务院《关于加快发展节能环保产业的意见》中提出的预测，到2015年年底，节能环保总产值将达到4.5万亿元。

（3）我国低碳产业呈粗放发展趋势，行业集中度低，人才和核心技术缺乏。

我国新能源产业虽然发展迅猛，但是存在基础研发不足、关键技术对外高度依赖、高端人才缺乏等多种问题，而节能环保产业存在行业集中度低、产业发展滞后、管理能力薄弱、缺乏核心技术和行业发展不规范等问题。

（4）我国政府对低碳产业发展的财税扶持力度不够，尚未形成低碳产业消费市场。

由于低碳产业消费文化尚未形成、政府激励政策不足、低碳产品的价格高昂，我国低碳产业的消费市场发展不足。如，2012年我国太阳能光伏电池年产量占全球市场的50%以上，但由于缺少有效的政策支持，98%以上的光伏电池产品出口国外。

（5）我国低碳产业技术研发不够。

依靠国家科技攻关、企业技术研发和国外技术引进，我国在新能源、节能及环保技术方面取得一系列技术成果，为我国节能减排、环境治理提供了技术支撑。但是，当前我国低碳技术发展仍然存在多种问题。一是缺乏相关技术标准，低碳技术研发及推广难以有效开展。我国在低碳经济的各种规范标准上发展滞后，缺乏统一的技术标准平台，使得低碳技术研发存在盲目性，技术成果难以推广。

（6）缺乏政府有效规划、扶持，低碳技术研发激励不强。

政府对低碳技术研发、引进缺乏系统规划，财政、税收扶持有限，尚未建立低碳采购机制。

（7）缺乏外部保障机制。

低碳技术研发及推广动力不足，难度较大。由于缺乏有效的监督执法、严格的能耗污染约束、健全的知识产权保护机制、完善的排污交易机制、通畅的技术信息交流机制和有力的政府补贴，企业对于低碳技术的研究开发和引进缺乏动力，低碳技术推广困难。

2.3　国内外发展低碳产业的经验借鉴

（1）以技术创新推进产业节能。

国内外高度重视节能技术的研发和投入，大力推进节能技术和节能。例如目前备受关注的整体联合气化循环发电技术（IGCC）和天然气联合循环发电技术（NGCC）。

（2）以经济激励手段推进产业节能。

国内外在产业节能方面，大力运用经济激励手段推进本国或本地区节能取得了良好效果。

（3）大力发展清洁能源和可再生能源。

可再生能源环境污染低，温室气体排放远低于一般的化石能源，甚至可以实现零排放，因此，可再生能源开发利用受到世界各国的高度重视，也成为发展最快的能源。

3 低碳工业

3.1 低碳工业的概念

"低碳工业"提出的大背景，是全球气候变暖对人类生存和发展的严峻挑战。随着全球人口和经济规模的不断增长，能源使用带来的环境问题及其诱因不断地为人们所认识，不止是烟雾、光化学烟雾、霾和酸雨等的危害，大气中二氧化碳（CO_2）浓度升高带来的全球气候变化也已被确认为不争的事实。

低碳工业是以低能耗、低污染、低排放为基础的工业生产模式，是人类社会继农业文明、工业文明之后的又一次重大进步。低碳工业实质是能源高效利用、清洁能源开发、追求绿色 GDP 的问题，核心是能源技术和减排技术创新、产业结构和制度创新以及人类生存发展观念的根本性转变。

在此情况下，"碳足迹""低碳经济""低碳技术""低碳发展""低碳生活方式""低碳社会""低碳城市""低碳世界""低碳工业"等一系列新概念、新政策应运而生。它是能源与经济以至价值观实行大变革的结果，可能为逐步迈向生态文明走出一条新路，即摈弃 20 世纪的传统增长模式，直接应用 21 世纪的创新技术与创新机制，通过低碳工业这种经济模式与低碳生活方式实现社会可持续发展。

3.2 低碳工业发展历程

工业虽然为人类社会的发展带来了巨大的进步，但是同时也排放出大量的温室气体，给我们的生活环境造成了破坏。Worrell 等研究发现：在大多数国家，来自工业部门的二氧化碳排放量占到二氧化碳当量温室气体排放的 90%，自 1971 年以来，工业能源相关的排放量增长了 65%。

我国传统的工业模式导致了二氧化碳的排放量迅速上升。其中，工业部门的能源消耗和二氧化碳排放量占总量的 70% 左右，是第一大能源消耗和排放大户；与此同时，工业想要进一步发展，既要跨越自然资源短缺的约束，也要解决好以二氧化碳为主的温室气体高排放导致的全球气候变暖等环境问题。高碳工业发展已经与时代的发展背道而驰，我们必须努力发展低碳工业，让工业更加进步。因此，发现低碳工业的研究意义，进而探究低碳工业的发展方向，具有重要的现实意义。

3.3 低碳工业的特征

根据低碳工业的研究意义，可以从以下三方面来概括低碳工业的特征。

（1）产业路径特征。

从产业路径分析，产业路径首先包括工业要素投入、产品产出、运输方式、生产过程等工业生产各个环节。同时，低碳工业具有要素投入低碳化、产品产出低碳化、生产过程低碳化等特点。要素投入低碳化是指以新能源代替传统能源，从源头上控制碳源。工业生产过程中的碳排放来源主要有中间投入材料的运输、工厂废气排放、产品生产过程废气排放（如水泥生产中产生的二氧化碳）等。因此，产品产出低碳化主要是指在废物处理、产品包装与运输、消费方式等方面的低碳排放，生产过程低碳化是指工业生产环节的低碳排放。

（2）工业发展特征。

从工业发展分析，其首先包括工业发展水平、工业内部结构、工业外部效应等方面。同时，低碳工业具有产值增速稳态化、生产效益生态化、产业结构轻型化等特点。产值增速稳态化这一特点是指低碳工业要兼顾经济效益与环境效益，并不是一味地停滞工业发展来减少二氧化碳排放量。生产效益生态化是指工业要利用新兴的低碳技术减少对环境的副作用，进而改善全球气候变暖的问题。产业结构轻型化是指低碳工业要控制甚至杜绝高耗能、高污染、高排放的重化工业发展，淘汰落后产能，实现工业内部产业结构的转型升级。

（3）外部因素特征。

从外部因素分析，其首先包括科学技术、政策法规、意识观念等。同时，低碳工业具有以低碳技术为核心、以低碳政策为导向、以低碳理念为引领等特征。低碳技术是低碳工业的核心，因为只有低碳技术的不断创新才能使得高碳产业改良自己的生产方式，将新技术应用于整个产业链，从而达到低碳的最终目标。政策法规的导向作用对于低碳工业的发展也至关重要，尤其体现在产业结构调整、产业制度创新、工业发展观念变革等方面，如提高工业市场准入及鼓励引导低碳技术与低碳产业发展等，以及监测排放、淘汰落后产能、规制超标排放企业、探索建立碳权交易市场等市场规范与引导。此外，低碳理念的引领也是低碳工业中必不可少的，具体包含企业的低碳生产理念、消费者的低碳消费理念、政府的低碳决策理念等。

3.4 低碳工业发展的意义

具体来说，低碳工业的发展具有如下几个方面的意义：

（1）降低二氧化碳排放，缓解气候变暖。

全球气候变暖正在不断加剧，人们对大气环境的破坏也正逐渐反作用于人们的生活，对人们的生存环境造成了很大的影响。这种现象出现的主要原因就是二氧化碳的排放量过多，我们当前所要做的就是发展低碳工业，不断创新低碳技术，一步一步降低化石燃料的使用，更多应用新能源。这可以有效地降低二氧化碳的排放量，在一定程度上缓解全球变暖的压力，改善大气环境。

（2）改变传统观念，符合长远发展。

传统的工业生产在生产过程中一切以经济发展为中心，忽略了环境保护的重要性，在生产工作的过程中严重缺乏环保意识，造成了破坏环境、影响生态平衡的严重后果。低碳工业的推广，目的就是要从根本上扭转企业的思想观念，建立起新的企业发展理念，将经济发展与环境保护相结合。这符合生态文明建设的要求，有利于我国企业的长远发展。

4　低碳农业

4.1　低碳农业的概念

当前世界农业正处在一个由"高碳"向"低碳"的重大转型期。低碳农业是全球性的生态危机特别是全球气候变暖催生的生态革命产物。联合国政府间气候变化专业委员会第四次评估报告（2007）指出，农业是温室气体的第二大来源，农业源温室气体排放占全球人为排放的 13.5%。联合国和世界银行在其发表的一份由全球 400 多位科学家撰写的报告《国际农业知识与科技促进发展评估（2008）》中进一步指出："世界需要一个从严重依赖农药和化肥等化学品、对环境破坏很大的农业模式转化为对环境友好、能保护生物多样性和农民生计的生态农业模式。"在世界多国共同反思高碳农业弊端的同时，世界农业随之步入新型的有机、生态、高效的现代农业发展期，即低碳农业经济时代。低碳农业是低碳经济的重要组成部分。低碳农业应打造农业经济系统和生态系统耦合的基础，从依靠化石能源向依靠太阳能等方向转变，追求低耗、低排、低污和碳汇，使低碳生产、安全保障、气候调节、生态涵养、休闲体验和文化传承等多功能特性得到加强，实现向可持续经济发展方向转变。

低碳农业是把大量的碳"扣押"（sequestration）在农业土壤和植物中，被认为是抵消人类碳释放的可能途径。改变原有的农业生态系统管理措施，大力建设和推广中国生态农业模式和技术，引导低碳化消费新潮流，是实现低碳农业的最根本途径。

另外，马友华、王桂苓、石润圭等人（2009）提出农业作为国民经济的基础产业，论述了农业与气候变暖的相互关系及相互影响，包括农业与温室气体增加之间的关系，以及气候变暖对农业产生的影响。

4.2 低碳农业的研究意义

我国是传统的农业大国，而农业也是人类社会最基础的社会产业，农业的发展经历了刀耕火种农业阶段、传统农业阶段和工业化农业阶段。工业化农业是以大量能源投入为基础的，可见，现代农业集约投入是造成碳排放、温室效应乃至全球变暖的"罪魁祸首"之一。因此，"低碳农业"必定是"低碳经济"体系的一个部分。农业本质上依赖太阳辐射、土地、大气和水等来自自然的初级资源转化食品的过程，具备碳汇和碳源（排放）双重特征，是低碳经济的最佳落脚点。"低碳农业"就是充分利用农业碳汇功能，尽可能减低其碳排放功能，实现食品生产全过程的低碳排放。

低碳农业是在低碳经济背景下出现的新型农业发展形态，目前尚处于萌芽发展的状态。农业的发展历程经历了农业文明中的传统农业阶段、工业文明中的现代农业阶段。而现代农业是典型的高能耗、高物耗、高排放和高污染四位一体的高碳农业发展模式，在高碳农业理念的指导下，人们往往关注农业的经济功能，而忽视了农业的生态和社会功能。但是，随着人们对当前气候变化问题研究的深入，农业的发展应该统筹兼顾经济和生态社会功能。在建设生态文明的进程中，低碳农业不仅要关注农业的经济功能，更为重要的是要关注生态和社会功能，这是农业现代化的基本要义之一。

随着中国把发展低碳经济纳入国家发展战略，低碳农业的发展方向进一步明朗。所以，中国要抓住战略机遇，把发展低碳农业作为发展低碳经济的重要内容，从而深化对低碳经济的认识，并完善低碳经济的体系，进而为中国顺利实现高碳农业向低碳农业的转型奠定坚实的基础。

4.3 国内低碳农业发展实践概况

2009 年的哥本哈根气候大会使"低碳"一词成为热门词汇。我国低碳农业的提法主要是从低碳经济中派生出来的，起初低碳农业带有很强的噱头色彩，短短 3 年，即使目前尚未见对低碳农业理论的系统研究，但一些省区已开展了低碳农业实践并初见成效。

（1）黑龙江省——《黑龙江省低碳农业发展规划》带动了垦区"低碳型"现代化大农业。黑龙江省率先在全国制定了到 2020 年的省级低碳农业经济发展规划，定位于建立"高效、生态、节能的耕作制度和产业体系"，在规划中明确提出了低碳高效现代农业的各项农业经济发展指标和节能减排约束性指标、重点项目、重点措施、投入总需求和相关组成、投入渠道、政府补贴等具体问题（韩贵清，2010）。其根据垦区特点，已开展了三方面低碳农业实践：一是发展免耕耕作方式；二是发展农业生物质能源；三是发展生态工程和农林复合生态系统，持续增加林业碳汇。

（2）新疆——试行农业碳排放交易。2008 年，美国环保协会与新疆签署了为期 3 年的农业源温室气体减排控制项目协议，由美国国际集团注资 105 万美元，总减排量为 21 万吨二氧化碳，支持新疆呼图壁、昌吉玛纳斯和奇台 3 县利用"杜克标准"完成沼气工程、棉田机灌、免耕种植和红柳种植的农业碳减排（许月英，2011）。项目最后监测、认证及挂牌交易已结束，成为全国农业源温室气体减排交易的第一个成功案例，尤其为以单个农户为实施主体的农业碳减排项目管理（组织、实施、监测、验收）积累了实践经验，成为进行农业碳排放交易的必要前提。从实施效果来看，农业减排项目对提高水资源利用率、减少化肥农药用量、防治沙漠化和生态退化、改善农牧民生活环境和农村能源结构具有显著效果。

（3）江苏——农业减排和适应气候变化协同推进低碳农业发展。2008 年，江苏利用世界银行全球环境基金（GEF），以新沂市和宿豫区为试点启动了"适应气候变化农业开发项目"，其主要内容包括：对适应气候变化的农业开发项目规划与设计进行缺陷分析；开展节水灌溉技术集成推广和种植模式等课题研究；组织农民进行新品种、新技术试验示范；等等。江苏省从农业适应气候变化和减排协同视角发展低碳农业以及根据自身农业资源禀赋和发展基础选择低碳农业发展模式体现了国际低碳农业发展趋势，值得其他地区推广借鉴。

（4）江西——建设低碳农业产业群，探索农业全产业链低碳化。江西省2009 年发布了全国首个低碳经济社会发展纲要，提出建设以"四大产业区"和"八大生产基地"为核心的低碳农业产业集群。其低碳农业发展的最大亮点即：围绕农业主导产业，主攻特色做"低碳"。其中，优质粮食产区推广节地农业技术，通过间作豆科等绿肥作物以及免耕直播提高土壤固碳能力；蔬菜、果业生产区推广节水农业技术，通过喷滴灌和水肥药联用技术达到节水、节肥、节药间接减排效果；畜牧养殖基地推广饲料节流减排技术和养殖废弃物资源化综合利用；淡水养殖渔业产区推广多营养层次生态养殖技术。江西低碳农业发展实践表明，以低碳为目标的适合区域特点的低碳生态农业模式或许是我国低碳现代农业创新的一条捷径。

（5）浙江——林业碳自愿交易推进农林生态效益市场化补偿。农业碳源碳汇双重属性使低碳农业具有减排增汇双重内涵，在新疆试行农业减排碳交易的同时，浙江省依托中国绿色碳汇基金成功探索了以碳汇造林项目为主的自愿市场的碳汇交易。首先，开展林业碳汇技术研究。其制定了《森林经营碳汇项目技术规程》，浙江农林大学取得了国家碳汇计量监测资质。其次，建立碳汇基金管理体系并积极募集林业碳汇资金。浙江省以中国绿色碳汇基金为依托的造林项目为主的碳汇交易（含捐赠认购和市场自愿交易）实践经验可拓展到湿地修复和保护、规模化粮食生产功能区稻田农作系统碳汇补偿、耕地土壤碳汇补偿等领域，可视为以农业减排增汇为突破口的农业生态效益市场化补偿的制度创新。

4.4　国内外低碳农业发展评述

从低碳农业发展实践中的代表性做法来看，国内外共性是围绕资源禀赋和发展基础实践低碳农业，如巴西以其生物质能为核心、以色列以其精准灌溉为核心、江苏以其肥料管理为核心，这其实也验证了文献研究中低碳农业问题研究的"区域特定化"（site-specific）和"空间异质性"（spatial heterpgeneity）两大特点。此外，外部环境也对低碳农业发展起到重要作用，如美国市场经济体系的发达、浙江民营资本的发达都为其开展农业碳交易提供了便利；澳大利亚的信息化对提高农户应对气候变化适应能力，从而间接减排提供了通道。

从侧重点来看，国外侧重农业适应和减缓气候变化国家战略及农业碳源碳汇核算标准的制定，农业减排增汇补贴和碳市场交易已进入实施阶段；我国侧重依托国际项目合作进行农业适应气候变化实践和试行碳排放交易以及依托中国绿色碳基金开展自愿市场的碳汇交易（主要是林业方面），农业碳排放测量和监测标准以及低碳农业发展国家战略还在编制过程中。

总体来看，我国低碳农业实践是随着低碳经济的发展而出现的，目前实践萌芽几乎都具有分散性、差别迥异、难以复制的特点，因此，亟须加强多学科参与的典型案例研究，提炼低碳农业发展模式共性经验，以及基于区域分异规律并结合资源禀赋和发展基础确定区域低碳农业发展模式，同时，通过案例研究为低碳农业理论的构建和验证提供发展渠道。

5 低碳服务业

5.1 低碳服务业的概念

近年来，随着全球气候逐渐变暖，"低碳经济"的概念已经越来越为人们所重视，以制造业为首的一场行业变革正在酝酿，各个行业之间都在以"低碳、环保"作为发展目标，这也势必改变现有的行业产品的检验标准和行业经营理念。服务行业也存在很多与环保相关的问题，低碳服务业就是在低碳经济的大背景下产生的。例如，2009年5月世界经济论坛《走向低碳的旅行及旅游业》的报告中首次出现了"低碳旅游"的概念。在我国2010年"两会"后，随着低碳环保理念深入人心，"低碳旅游"正以高速发展的态势成为一种新兴的旅游形式，并逐渐成为旅游业界关注和研究的热点。再如，餐饮业的一次性餐具回收、餐厨垃圾和食用野生动物都是关系到行业服务质量变革的大问题，只有做到环保管理，才能达到"低碳"标准。

在知识经济和信息经济背景下，应将低碳理念应用于现代服务业的生产、经营和消费过程中，力求最优的资源利用、最少的碳排放和环境污染，以获得最大的经济效益和社会效益，最终实现经济社会的可持续发展以及人与自然和谐共存的现代经济发展模式。

5.2 低碳服务业的研究意义

低碳服务业是随着低碳经济的兴起而产生的，与国内外蓬勃发展的低碳经济实践相比，低碳服务业的概念依然处于初期讨论中。低碳服务业既是低碳经济理念在现代服务领域的延伸和具体运用，也是低碳经济目标在服务业发展中的实现形式。

从全球低碳服务业的发展现状来看，我国的低碳服务业进入了起步阶段，但与低碳经济发达的国家相比还存在一定的差距与差异性。因此，率先对具有多样性特征的中国低碳服务业进行探索性研究，尤其是对目前大力推行的合同能源管理这一低碳服务内容进行深入研究，将成为今后低碳经济研究的重点；而低碳服务业中的能源管理服务作为一项重要的、具有普及性的公共服务，其绩效研究也将成为低碳服务业研究的重中之重。

作为源于生产性服务业、低碳产业，并融合了现代服务业、环境产业相关服务内容的低碳服务业，其内涵与外延相当丰富，有别于单以合同能源管理为核心的节能服务业。按照国内外不同的服务业分类标准，低碳服务业主要属于新兴的生产性服务业，若依照我国服务业分类指标体系可细化为三个板块、六大一级产业。因此，在研究合同能源管理的这一重要低碳综合管理服务内容的同时，不能忽略其他低碳服务内容的理论与实践研究，合同能源管理的研究范式将对其他低碳服务内容的研究具有借鉴意义。

此外，推进低碳服务业发展需要制定相应的低碳服务业政策，低碳服务业政策能够在很大程度上避免市场失效的问题，对宏观低碳战略目标的制定、稳定的市场预期、不同部门在低碳领域方面的合作起到非常重要的作用，也能够提高民众对低碳产品和低碳服务的认知程度，为低碳服务市场的升级奠定广阔的市场基础。因此，低碳服务业的政策亦是低碳服务业研究的重点。

5.3 低碳服务业的特征

（1）资源节约型的服务业。

低碳服务业是一种战略与策略相结合的新型现代服务业，能够立足未来，统筹全局，合理安排、正确处理当前与长远利益、局部与整体利益的关系。因此，发展低碳服务业能全面衡量利弊得失，增强预见性，减少盲目性，大大提高利用有限资源的效率。在整个服务周期中，通过合理规划，加强技术创新和制度创新，能够有效地节约资源，减少环境污染。

（2）综合效益型的服务业。

低碳服务业的发展对于经济的可持续发展具有带动作用，能够使产业之间及其内部的关联性逐步增强，从而推进国民经济产业协作与和谐发展。作为工农业生产链的核心环节，服务业低碳化必将有效地带动低碳农业、低碳工业甚至低碳社会的建设与发展，这样就能够很好地将追求经济效益、社会效益与生态效益结合起来，从而实现整个社会的最佳综合效益。

（3）生态安全型的服务业。

传统服务业的发展模式对生态环境的依赖性比较强，从而在一定程度上导致了产业的盲目发展，也加剧了自然资源的消耗、生态环境的破坏。而低碳服务业的发展，将占用相对少的自然资源和生态环境要素，使其发展对于生态环境的压力和威胁大大降低。低碳服务业准确地确定了服务业在社会经济系统中的生态地位，有利于促进现代服务业的可持续发展，进而实现社会经济系统与自然环境系统的和谐。

5.4　低碳服务业的分类

随着低碳服务的不断普及，低碳服务业在低碳经济发展中的重要性越来越显著，因此，只是对其概念进行界定并不能深入地理解低碳服务产业的内涵与外延，有必要对低碳服务业的种类进行划分。然而由于国内外经济学家对服务业的分类目的和标准不同，不同分类之间的差异十分明显。目前国际上服务业分类标准主要有根据服务的性质与功能划分、根据服务业在不同经济发展阶段的特点划分、根据服务的供给（生产）导向型分类法、根据服务的需求（市场）导向型分类法等，比较流行的标准分类方法主要有辛格曼分类法、联合国标准产业分类法（2006 年版）、北美产业分类体系（1997年）等。

5.4.1　根据服务的性质、功能特征分类

（1）联合国标准产业分类法（ISIC）。

联合国于 1958 年制定了第一种国际标准产业分类。1968 年其进行了第一次修正（ISIC），基本框架没变，其中，一级分类有 4 类，二级分类有 14种。第三次修正发表于 1990 年，修正后的分类结构发生了很大变化，其中，服务业大类有 11 类，小类有 19 类。2006 年，联合国标准产业分类法进行了第四次修改，即沿用至今的 ISIC/Rev，共 21 个门类、88 个大类、238 个中类和 420 个小类。涉及服务业的分类增加了信息和通信业、行政管理及相关支持服务、科学研究和技术服务、艺术和娱乐、其他服务业 5 个门类，反映了服务业发展及其在经济活动中重要性增强的国际背景。

（2）布朗宁—辛格曼服务业分类。

经济学家布朗宁（Browning）和辛格曼（Singelman）于 1975 年根据联

合国标准产业分类（ISIC）的规则，将商业产业和服务产业加以分类，这一产业分类标准是商品与服务的产品性质、功能。这种分类尽管不那么完善，但是为后来西方学者所普遍接受的服务业四分法的提出奠定了基础。

（3）辛格曼服务业四分法。

经济学家辛格曼在 1975 年分类的基础上，根据服务的性质、功能特征对服务业重新进行了分类，将服务业分为流通服务、生产者服务、社会服务和个人服务四类，这种分类方法反映了经济发展过程中服务业内部结构的变化。之后，西方学者将布朗宁和辛格曼的分类法进行综合，提出了生产者服务业、分配性服务业、消费性服务业和社会性服务业四分法，其内容大体上与辛格曼的分类法相同，比较而言，后者的二级分类更为简化。然而这种分类法由于无法与联合国标准产业分类接轨，因而影响了与国际的比较研究。

按照上述四种根据服务性质、功能特征的分类方法，低碳服务业主要划归为生产者服务业，有一部分服务内容属于消费性服务业。此外，低碳服务业还包括社会性服务业与 ISIC 新增的服务类别相交叉的部分，如低碳行政管理及相关支持服务、低碳科学研究和技术服务、其他低碳服务业等。

5.4.2　按照服务业在不同经济发展阶段的特点分类

1970 年，A. Katouzian 依据罗斯托经济发展阶段理论将服务业分为三类：新兴服务业、补充性服务业和传统服务业。新兴服务业一般出现在工业化的后期，是指工业产品的大规模消费阶段以后出现加速增长的服务业，如教育、医疗、娱乐、文化和公共服务等。补充性服务业是相对于制造业而言的，是中间投入服务业，它们的发展动力来自工业生产的中间需求，主要为工业生产和工业文明服务。这类服务业主要包括金融、交通、通讯和商业，此外还有法律服务、行政性服务等。传统服务业有两层含义：其一是传统的需求，其二是传统的生产模式。这类服务通常是由最终需求带动的，主要包括传统的家庭与个人服务、商业等消费性服务。根据这一分类及定义中低碳服务业的内容，低碳服务业分属于新兴服务业、补充性服务业和传统服务业各部分，以补充性服务业为主。但很明显，这种分类法主要是依据罗斯托经济发展阶段理论提出的，其实用性和科学性颇受争议。

5.4.3　从生产（供给）角度按生产技术分类

北美产业分类体系（NAICS）是由美国、加拿大、墨西哥于 1967 年制定的一种新的产业分类法，这种分类方法主要是从服务的生产或供给角度，依据生产技术进行的分类，反映了 20 世纪 80 年代以来服务经济理论发展的最新研究成果。其结构变化主要表现在：第一，计算机和电子产品制造部门作为信息产业的硬件部门被列入制造业，原来的出版业则列入了新设置的信息业；服务业中的柔性生产被列入制造业。第二，独立建立了信息业。第三，原来的服务业细分为 11 个一级部门。但由于北美产业分类体系（NAICS）没有对服务业进行大的分类，而是成倍扩充了服务门类/部门的数量，因此，低碳服务业按照这一方法分类会比较笼统、松散，故本书对其不做详细讨论。

5.4.4　根据我国国民经济行业分类

我国之前没有专门的服务业分类。从 1985 年起的很长一段时间里，第三产业一直是服务业的同义语，直到 2003 年国家统计局根据 GB/T4574—2002 颁布了新的三次产业划分，明确规定把农牧渔服务业列入第一产业。至此，服务业与第三产业不再等同。因此，建立专门的低碳服务业分类标准，对社会经济的发展、低碳产业政策的制定具有重要的意义。

借鉴国内外服务业分类标准，第一，按照产业发展过程将低碳服务业分成三大板块、六大一级产业。这三大板块分别为低碳服务理论的产生、低碳服务理念的传播、低碳服务的运用；三大板块下设六大一级产业，分别为低碳技术、服务研究与发展，低碳教育、培训产业，低碳信息服务业，低碳综合管理服务业，低碳商务服务业，公共低碳管理服务业。其中，教育、培训与公共低碳管理属于低碳公共服务，是不带有盈利性质的低碳经济活动。第二，对照联合国标准产业分类法（ISIC），在六大一级产业下分别设置 15 个二级产业和 54 个三级产业，这 54 个三级产业分别对应国家标准行业分类产业指标（2002 年版本）中的四位代码，因此有很强的应用性和可操作性。这种低碳服务业指标体系分类方法逻辑清晰，便于理解；层级清楚，不会产生交叉。同时，这种分类方法便于将我国低碳服务业融入国际标准行业分类体系。当然，由于低碳服务业概念才提出，对于其分类的完整性、科学性、合理性，还有待今后继续研究。

5.5　低碳物流的评价研究——以保定市 M 企业为例

5.5.1　M 企业概述

M 企业主要为工业企业提供服务，主要经营货运、物流服务、仓储服务和货物中转等业务。其拥有大型危险品运输车、大型槽罐车、普货运输车，货物年吞吐能力约300万吨，拥有可同时容纳50辆大型危运车辆的停车库及200辆物流车辆的停车场。M企业具有仓储、配送、物流专线运输、物流信息平台等功能。该企业较注重物流的低碳发展，采用现代化仓库管理模式作业，采用最优库存管理方法，提高货物存储效率，降低客户物流仓储成本。另外，其通过自建的信息平台发布和收集货源消息及车辆信息，保证货源与车辆充分对接，提高物资流通效率，降低物流运营成本。

5.5.2 指标体系设计的原则

低碳物流能力本身就是一个结构较复杂、层次众多、各个系统之间相互影响和相互作用的有机体，因此在构建评价指标体系时，应该遵循科学性、系统优化、实用性和目标导向原则，更加科学有效地评价低碳物流能力。

（1）科学性原则。

科学性原则主要体现在注重理论与实践的结合、所采用的方法科学等方面。设计评价指标体系时，首先要有科学的理论做依据，使评价指标体系能够在基本概念和逻辑结构上做到严谨、合理，抓住所评价对象的实质。同时，评价指标体系是理论与实际相结合的产物，必须进行客观的抽象描述，抓住最本质、最重要、最有代表性的东西。对客观实际抽象描述得越清晰简练、符合实际，科学性就越强。

（2）系统化原则。

评价对象必须使用若干指标进行衡量，这些指标是相互影响和相互作用的。有的指标之间有纵向关系，反映不同层次之间的包含关系；有的指标之间有横向联系，反映不同侧面的相互制约关系。同时，同层次指标之间尽可能界限分明，避免相互有内在联系，从而体现出很强的系统性。

① 所选指标的数量及其体系的结构形式以系统优化为原则，即以较少的指标来全面系统地反映评价对象的内容，既要避免指标体系过于复杂，又要避免单因素的选择，追求的是指标体系的总体达到最优。

② 评价指标体系要兼顾各方面的关系，同一层次指标之间存在制约关系，在设计指标体系时应该都兼顾到。

（3）实用性原则。

实用性原则包括实用性、可行性和可操作性三方面。

① 要做到指标简化，方法简便。评价指标体系不能设计得太烦琐，在保证评价结果的客观、全面、准确性的条件下，指标体系应尽可能简化，去掉对评价结果影响微小的指标。

② 数据要便于获取。评价指标所需要的数据应易于采集，信息来源的渠道必须可靠，并且容易取得。

③ 整体操作要规范。各项指标及运用的方法和各项数据都要标准化、规范化。

④ 要做好数据准确性的控制，能够保证评价过程中数据的准确性和可靠性。

（4）目标导向原则。

评价的目的不是单纯评出各项指标的重要程度，更重要的是引导和鼓励被评价对象向正确的方向和目标发展。在低碳经济的要求下，物流配送体系如何改善是我们最终要解决的问题。

5.5.3 评价指标体系的构建

评价指标体系是评价工作的标准，是对所要评价问题影响因素的阐述及类别层次的划分。评价物流企业配送体系的低碳水平是对整个物流企业低碳发展水平及环境效益等所做的一个总体评价，因此构建的指标体系应该尽可能多地包含展示物流企业配送体系低碳发展的各个方面。指标体系构建质量的高低将直接影响到物流企业低碳水平的评价结果。因此，指标体系的确立是物流企业低碳发展综合评价研究的关键及重要基础，不能仅凭经验判断和定性分析的方法，必须采用更为科学的量化方法才行。在此，本书综合前文路径分析，采用理论分析法、专家咨询法等来确定相关的指标。理论分析法，即根据前述物流企业低碳发展的影响因素和路径分析，在得到三条路径的基础上加以扩充，得到指标体系；专家咨询法，是指对建立的体系寻找相关专家进行咨询，获取专家的建议后进行完善和修改。

最后，本书构建的物流企业配送体系低碳发展水平的评价指标体系分别设置了物流设施、技术装备、运营管理、能耗与碳排放四个二级指标，共18个三级指标。如表3-5-1所示。

表 3 – 5 – 1　物流企业配送体系低碳水平评价体系

目标层	准则层	要素层
物流企业配送体系低碳水平评价体系 A	物流设施 B_1	交通条件 C_1
		综合关联密切程度 C_2
		热电联产比例 C_3
		清洁能源使用比例 C_4
	技术装备 B_2	专用货运车辆比例 C_5
		清洁能源车辆比例 C_6
		物流信息化程度 C_7
		物流信息平台建设状况 C_8
	运营管理 B_3	低碳意识高低 C_9
		低碳运输状况 C_{10}
		低碳运输方式作业量比例 C_{11}
		低碳驾驶情况 C_{12}
		低碳仓储及库存优化状况 C_{13}
		物流增值服务业务量比例 C_{14}
		低碳流通加工和包装状况 C_{15}
	能耗与碳排放 B_4	能耗强度 C_{16}
		二氧化碳排放强度 C_{17}
		低碳水系统 C_{18}

5.5.4　物流企业配送体系低碳水平评价体系的指标说明

（1）物流设施。

物流是指原材料、在制品或产成品从供应者流向需要者的过程，物流设施作为载体，在整个创造经济价值的活动中起到了举足轻重的作用。物流设施的低碳度是物流企业低碳发展的基础，也是物流企业低碳发展水平的重要体现之一。

①交通条件：便利的交通条件是物流企业选址的核心环节，也是物流企业发挥综合运输方式优势的基础。物流企业选址地的交通便利程度很大程度上决定了物流效率的高低，也间接决定了能源效率的高低和碳排放程度的多少。如，企业周边的高速、国道、多式联运的便利程度相当高，很大程度上可以提高物流通道的畅达性，提高运输效率，减少因运输不通畅造成的碳排放量增加。因此，交通条件的便利程度是物流企业低碳发展水平的一个重要

表征。

② 综合关联密切程度：综合关联密切程度是对物流企业内部的空间以及搬运方法和手段合理与否的考量，采用系统设置和搬运系统分析的结合方式（SLP + SHA）布置物流企业设施及空间，实现物流合理化。通过 SLP 重点合理规划空间位置，合理的物料位置可以使物流路线最短，减少交叉和往复现象；SHA 是物流系统的重要组成部分，也是衔接其他物流活动的桥梁。它着眼于确定搬运方法和手段合理化，采用合适的搬运设备提高装卸搬运的效率和灵活性，以减少不合理的装卸搬运产生大量的烟雾、粉尘、废水等废弃物等问题。

③ 热电联产比例：指报告期内物流企业内部采用电能和热能共同供给的生产方式占物流企业内供热总量中的比例。热电联产是一种新型高效的能源方式，采用热能和电能联合产热，大大提高了能源利用效率，是低碳经济时代下社会可持续发展和低碳发展的重要保证。热电联产可以减少对能源的消耗依赖，降低二氧化碳排放量。

④ 清洁能源使用比例：是指报告期内物流企业使用清洁能源的量占物流企业能源总消耗量的比例。清洁能源是指在生产和使用过程中不产生有害物质排放的能源，清洁能源包含核能和"可再生能源"。可再生能源是指原材料可以再生的能源，如水能、风能、太阳能、地热能、生物能（沼气）、海潮能等。可再生能源不存在能源耗竭的可能。物流企业使用清洁能源，可以减少对大气环境、水源的污染，促使企业的污染向零排放发展，最重要的是大大减少二氧化碳的排放，减少温室效应对人类生活及气候变暖产生的影响。本指标旨在考量物流企业低碳发展的程度。

（2）技术装备。

技术装备是物流系统中的重要资产，是构筑物流系统的主要成本因素，同时也是提高物流系统效率的主要手段和反映物流系统水平的主要标志。物流企业现代化的基础，需要采用快速、高效、自动化的技术设备作支撑。因此，技术装备的低碳程度是物流企业低碳发展的基础，也反映了物流企业的低碳发展水平。

① 专用货运车辆比例：指报告期内专业化汽车在物流企业内部车辆中所占的比例。专用货运车辆是装置有专用设备、具备专用功能、用于承担运输任务的车辆，如集装箱车、厢式车、冷藏车等。在物流运输过程中，专用车辆装载量大、资源消耗少、装备质量高、运输效率高、单位运输成本低，能满足货物各种各样的运输要求，为客户提供不同的专用运输服务，关键在于

能够减少能源的消耗和二氧化碳的排放。因此，专用货运车辆在企业车辆中的比例是物流企业低碳水平的重要体现。

② 清洁能源车辆比例：指报告期内使用清洁能源的汽车在物流企业内部车辆中所占的比例。清洁能源汽车是指除汽油、柴油发动机之外的所有其他能源汽车，包括天然气汽车（包括使用 LNG、CNG 等清洁能源）、电油混合汽车、氢能源动力汽车和太阳能汽车等，其二氧化碳排放量比较低。有调查显示，全球大概 25% 的二氧化碳是来自汽车的尾气。因此，物流企业内新能源汽车不断增加，降低了能源消耗，减少了二氧化碳的排放，可以解决我国及全球日益严重的能源和环境问题。本指标旨在考量物流企业低碳发展的程度。

③ 物流信息化程度：指物流活动中信息技术的运营和使用情况，是现代物流区别于传统物流的根本标志。低碳物流的发展离不开先进技术的支持。先进技术可以大幅提高物流管理运作效率，降低物流成本，在一定程度上实现物流企业的低碳发展。目前，较先进、较多使用的物流技术主要有 GPS（全球定位系统）、GIS（地理信息系统）、RFID（射频识别技术）及 EDI（电子数据交换技术）等。物流信息技术在企业内的良好运营可以提高运作效率，降低物流成本，减少能源消耗。本指标旨在考量物流企业低碳发展的程度。

④ 物流信息平台建设状况：指报告期内物流企业内部物流信息平台建设和运行情况。构建的信息平台可以提供货运信息查询、车辆跟踪、网上交易、车辆调度、订单处理、电子商务等服务，实现商流、物流、信息流、资金流的高效运转，提高资源利用效率，减少二氧化碳排放，形成物流企业内部低碳管理。本指标是物流企业低碳发展水平的重要表现。

（3）运营管理。

运营管理是指在物流企业的运营层面采用的低碳化管理制度和组织方式，具体可以表现为在物流企业内部的运营管理过程中运用低碳经济和可持续发展的理念，采用先进的管理方式，优化运输系统、合理化仓库管理，对水、电、能源做到提高资源的利用效率，减少二氧化碳的排放，达到合理利用资源的目的，保证物流企业运营的低碳性和可持续性。

① 低碳意识高低：低碳意识是指物流企业人员树立低碳环保的价值观，生活中自觉履行环保公民责任，多树立碳预算、个人碳预算意识，多让自己为低碳物流发挥出应有的作用。比如企业内人员采用低碳模式工作的情况，如办公中减少空调使用，如若使用，夏季空调设定温度不低于 28℃，冬季不

高于18°C；同时，可以减少晚上加班、减少纸张打印、运用数字办公等情况，这都是低碳意识直接作用的结果。低碳意识是人的主观能动性的表现，可以直接影响物流企业低碳运作的效率。因此，本指标也是物流企业低碳发展水平的重要表现。

② 低碳运输状况：运输优化是物流活动低碳发展的核心，运输优化的实现主要体现在是否建立完善的运输网络体系以及是否制定合理运输计划。完善的配送运输网络体系主要通过运输线路的优化来体现，合理规划运输路径能够减少重复运输和空载运输，避免迂回绕行；合理运输计划通过制定最合适的运输配送方案、合理配载、合理选择运输方式及最优配送路线来体现。例如，在各种运输方式的选择上，可以考虑能源消耗最小的方式进行运输作业。据美国运输部统计资料表明，1加仑（1加仑＝4.546升）柴油，大型卡车可以完成59吨英里，铁路可以完成202吨英里，内河船舶可以完成514吨英里。

③ 低碳运输方式作业量比例：指报告期内物流企业采用先进运输方式组织的作业量占物流企业总作业量的比例。先进运输方式主要如甩挂运输、滚装运输、多式联运、集装箱运输等。甩挂运输是一种高效的运输方式，具体是牵引车拖带如半（全）挂车等的承载装置，到达目的地将承载装置全部甩留后，再拖带目的地已装好货物的装置返回原地或者驶向新的地点的运输模式。这种模式的优点在于能够大大减少空载，提高能源利用效率，减少碳排放。另外，滚装运输、多式联运、集装箱运输等运输方式都可以提高运输效率，在减少能源消耗的同时减少二氧化碳排放，实现物流的低碳发展。

④ 低碳驾驶情况：指物流企业内部驾驶员低碳驾驶的情况。据调查显示，在车辆状况同样的情况下，不同驾驶员采用不同的驾驶方式会造成燃油消耗相差2%～12%。具有良好驾驶习惯的驾驶员既可以保证车辆在较高的动力下运行，又能保证油料消耗的充分性，同等状况下尽量减少二氧化碳的排放。驾驶员根据具体车型、道路条件及车辆的载客情况，使汽车尽可能按经济车速行驶，将有利于提高汽车的行车安全性、降低燃油消耗量。急踩加速踏板和猛松加速踏板的操作都将造成燃油额外消耗，使发动机排放变差，因此，在行车中运用加速踏板要做到轻缓、柔和。在正常行驶时，加速到一定车速时轻抬加速踏板，减少供油量，保持匀速行驶，就可节省燃油。

⑤ 低碳仓储及库存优化状况：低碳仓储及库存优化是物流活动低碳发展的重点，低碳仓库及库存优化的实现主要体现在是否建立高层立体货架和对库存产品有效管理等仓储系统、是否具有合理的布局仓库以减少运输资源的

浪费以及对旧仓库的改建等。仓库管理优化可以实现对入库、出库、移库、外借、盘点等仓库实际作业过程进行在线指导和监控，帮助企业及时掌握任务执行状况、减少执行差错、提高仓库作业效率；库存控制优化会减少资金和库存的占用，减少能源消耗。

⑥ 物流增值服务业务量比例：是指报告期内物流增值的业务量占物流企业业务总量的比例。物流服务的内容包括基本服务和增值服务。基本服务是指物流企业最基本的物流活动中提供的产品；而增值服务是指企业发展 B2C、B2B 垂直电子商务和供应链金融、咨询、信息管理等服务。这些服务可以从上游延伸到电子商务订单处理、采购、库存控制建议等环节；从下游延伸到为客户提供运输方案技术咨询、开展门到门运输服务，以及定制业务模式、业务流程、服务标准和服务质量等服务。物流增值服务可以大大提高物流企业运营效率，降低运营成本，保证物流企业的竞争力和可持续发展。同时，提高增值服务在企业业务中的比例可以大大降低企业的物流成本，在一定程度上吻合物流企业低碳发展的绿色环保理念，是物流企业低碳发展的新方向，也是物流企业低碳发展的表现。

⑦ 低碳流通加工和包装状况：流通加工低碳化是物流活动低碳的重要组成部分，流通加工是指在商品从供应者到消费者的过程中进行的一系列物流活动。流通加工和包装的低碳化可以通过对加工、包装、分拣、标签贴付等物流活动实现低碳化处理，减少包装材料的使用和加强加工过程的规模化，达到提高物流效率、降低物流成本、减少能源消耗和二氧化碳排放的目的。

（4）能耗与碳排放。

能耗与碳排放是指物流企业在报告期内的能源消耗及碳排放情况，是物流企业低碳发展水平最直观的体现。它具体可以表现为物流企业内部车辆单位运输消耗的能源量和排放的二氧化碳量。通过合理控制能耗和碳排放可以有效减少二氧化碳的排放量，合理利用能源，保证物流企业运营的低碳性和可持续性。

（5）能耗强度。

能耗强度指营运车辆单位运输周转量能耗，即物流企业内营运车辆能源消耗总量与运输周转量的比值。能源消耗要结合《综合能耗计算通则》（GBn2589—2008）《固定资产投资项目节能评估和审查暂行办法》等有关规定，将该能源消耗折算成标准煤后进行计算。

（6）低碳水系统。

低碳水系统指物流企业内对水资源的利用和处理情况，具体包括中水回用、雨水综合利用等方式。相对于上水（给水）和下水（排水）而言，中水应运而生。中水回用指将企业内的如洗浴、洗衣及厨房等生活废水集中处理，通过中水回用的工艺达到可以直接用于回用的水质标准，之后回用于企业的车辆和道路冲洗及企业内的绿化灌溉等，减少水资源的消耗，同时也可减少加工自来水时消耗的能源和排放的碳量。雨水利用是指建立包括屋面雨水集蓄系统、雨水截污与渗透系统等，将企业内闲弃的（径流）雨水、生态小区雨水转化为可利用的水资源。在污水处理工艺方面，污泥处理方式的选择也是决定排水低碳与否的重要方面。低碳水系统可以缓解水资源紧缺的局面，同时还可以节能减排，达到物流企业低碳、可持续发展的长远目标。

6 基于模糊层次分析法的 M 企业物流配送体系评价研究

6.1 确定评价因子集与评价集

评价因子集：

$u = \{u_1, u_2, u_3, u_4\} = \{$物流设施，技术装备，运营管理，能耗与碳排放$\}$

评价集：$s = \{s_1, s_2, s_3, s_4\} = \{$优异，良好，合格，不合格$\}$

6.2 确定指标权重

本书采用美国运筹学家 Saaty 提出的 1~9 标度法构造判断矩阵。判断矩阵是指在上层某因素准则下，对其支配的本层次各因素 C_1，C_2，$\cdots$，C_n 之间，比较 C_i，C_j 两者的重要程度。将所有因素两两比较后，其结果就构成了一个 C_i，C_j 两者比较的判断矩阵 $A = (a_{ij})_{n \times n}$。判断矩阵的标度及含义如表 3 – 6 – 1 所示。

表 3 – 6 – 1　判断矩阵的标度及含义

标度	标度含义
1	表示 C_i，C_j 同等重要
3	表示 C_i 比 C_j 稍微重要
5	表示 C_i 比 C_j 明显重要
7	表示 C_i 比 C_j 非常重要
9	表示 C_i 比 C_j 强烈重要

模糊矩阵的确定利用专家打分法，他们对每组进行比较（如比较 C_1 与 C_2），每组各自得到一个模糊数，假设有三组，分别为 (l_1, m_1, u_1)，$(l_2,$

m_2，u_2)，(l_3，m_3，u_3)，之后对模糊数进行整合，使得每一组比较后得到一个模糊数。如，C_1 与 C_2 经过整合后得到 $\left(\dfrac{l_1+l_2+l_3}{3}, \dfrac{m_1+m_2+m_3}{3}, \dfrac{u_1+u_2+u_3}{3}\right)$，重复以上步骤，直到判断矩阵中每组比较结果均为一个模糊数为止。专家对 B_1，B_2，B_3，B_4 几个指标的模糊评价矩阵如下：

	B_1	B_2	B_3	B_4
B_1	(1, 1, 1)	(1, 2, 3) (2, 3, 4)	(1, 1, 1) (1, 2, 3) (2, 2, 3)	(1/4, 1/2, 1) (1/3, 1/2, 1) (1/5, 1/3, 1/2)
B_2	(1/3, 1/2, 1) (1/4, 1/3, 1/2) (1/2, 1, 1)	(1, 1, 1)	(1, 1, 1) (1, 2, 3) (2, 2, 3)	(1/3, 1/2, 1) (1/4, 1/3, 1/2) (1/4, 1/2, 1)
B_3	(1, 1, 1) (1/3, 1/2, 1) (1/3, 1/2, 1/2)	(1, 1, 1) (1/3, 1/2, 1) (1/3, 1/2, 1/2)	(1, 1, 1)	(1/2, 1, 1) (1/3, 1/2, 1) (1/4, 1/2, 1)
B_4	(1, 2, 4) (1, 2, 3) (2, 3, 5)	(1, 2, 3) (2, 3, 4) (1, 2, 4)	(1, 1, 2) (1, 2, 3) (1, 2, 4)	(1, 1, 1)

处理专家评估矩阵，得到模糊矩阵：

	B_1	B_2	B_3	B_4
B_1	(1, 1, 1)	(1.333, 2, 3)	(1.333, 1.667, 2.333)	(0.261, 0.444, 1.167)
B_2	(0, 361, 0.611, 0.833)	(1, 1, 1)	(1.333, 1.667, 2.333)	(0, 278, 0.444, 0.833)
B_3	(0.556, 0.667, 0.833)	(0.556, 0.667, 0.833)	(1, 1, 1)	(0.361, 0.667, 1)
B_4	(1.333, 2.333, 4)	(1.333, 2.333, 3.677)	(1, 1.667, 3)	(1, 1, 1)

（1）确定初始权重。

第 k 层元素 i 的综合模糊值 D_i（初始权重）为：

$$D_i = \sum_{j=1}^{n} a_{ij} \div \left(\sum_{i=1}^{n} \sum_{j=1}^{n} a_{ij} \right) i = 1, 2, \cdots, n$$

（2）去模糊化，得到最终权重。

设 M_1 (l_1, m_1, u_1)，M_2 (l_2, m_2, u_2)，$M_1 \geq M_2$ 的可能度用三角模糊函数表示为：

$$V(M_1 \geq M_2) = \sup x \geq y \left[\min (um_1(x); um_2(x)) \right]$$

$$V(M_1 \geq M_2) = u(d) = \begin{cases} 1, & m_1 \geq m_2 \\ \dfrac{l_2 - u_1}{(m_1 - u_1) - (m_2 - l_2)}, & m_1 \leq m_2, \\ 0, & \text{otherwise} \end{cases}$$

一个模糊数大于其他 k 个模糊数的可能度：

$$V(M \geq M_1, M_2 \cdots M_k) = \min V(M \geq M_i) \quad i = 1, 2, \cdots, k$$

标准化后，得到的各指标标准化权重为 $W_A = $（0.145，0.283，0.488，0.084）

同理，可确定第三级各指标权重：

$$W_1 = (0.095, 0.167, 0.234, 0.504)$$
$$W_2 = (0.234, 0.119, 0.098, 0.548)$$
$$W_3 = (0.074, 0.231, 0.224, 0.094, 0.281, 0.043, 0.115)$$
$$W_4 = (0.480, 0.290, 0.230)$$

6.3　确定评价指标隶属度

根据专家组对二级各项指标进行评估打分，以 B_i 指标物流设施为例，根据下属二级指标的数据显示，对应评价指标设定取值范围，对定量指标进行直接判定，对定性指标由 10 人组成的专家组进行专家打分，结果如表 3-6-2 所示。

表 3-6-2　各指标评价结果

B_1	优异	良好	合格	不合格
C_1 打分人数	1	5	4	0
C_2 打分人数	0	4	6	0
C_3 处理结果	0	0	1	0
C_4 处理结果	0	1	0	0

由此，可以得到隶属度矩阵：

$$R_1 = \begin{pmatrix} 0.1 & 0.5 & 0.4 & 0 \\ 0 & 0.4 & 0.6 & 0 \\ 0 & 0 & 1 & 0 \\ 0 & 1 & 0 & 0 \end{pmatrix}$$

同理，可得到其他指标的隶属度矩阵 R_2，R_3，R_4：

$$R_2 = \begin{pmatrix} 0 & 1 & 0 & 0 \\ 0 & 0 & 1 & 0 \\ 0 & 0.1 & 0.3 & 0.6 \\ 0 & 0.2 & 0.7 & 0.1 \end{pmatrix},$$

$$R_3 = \begin{pmatrix} 0 & 0 & 0.1 & 0.9 \\ 0 & 0.1 & 0.6 & 0.3 \\ 0 & 0 & 1 & 0 \\ 0.1 & 0.3 & 0.6 & 0 \\ 0 & 0.1 & 0.8 & 0.1 \\ 0 & 1 & 0 & 0 \\ 0 & 0.1 & 0.9 & 0 \end{pmatrix},$$

$$R_4 = \begin{pmatrix} 0 & 0 & 1 & 0 \\ 0 & 0 & 1 & 0 \\ 0 & 0.1 & 0.7 & 0.2 \end{pmatrix}$$

6.4 模糊综合评价向量的确定

6.4.1 模糊综合评价向量的确定

利用矩阵的模糊乘法得到综合模糊评价向量S，具体如下。

（1）物流设施综合评价向量：

$$S_1 = W_1 * R_1 = (0.095, 0.167, 0.234, 0.504) *$$

$$\begin{pmatrix} 0.1 & 0.5 & 0.4 & 0 \\ 0 & 0.4 & 0.6 & 0 \\ 0 & 0 & 1 & 0 \\ 0 & 1 & 0 & 0 \end{pmatrix}$$

$$= (0.010, 0.618, 0.372, 0.000)$$

（2）技术装备综合评价向量：

$$S_2 = W_2 * R_2 = (0.234, 0.119, 0.098, 0.548) *$$

$$\begin{pmatrix} 0 & 1 & 0 & 0 \\ 0 & 0 & 1 & 0 \\ 0 & 0.1 & 0.3 & 0.6 \\ 0 & 0.2 & 0.7 & 0.1 \end{pmatrix}$$

$$= (0.000, 0.442, 0.532, 0.114)$$

（3）运营管理综合评价向量：

$$W_3 * R_3 = (0.074, 0.231, 0.224, 0.094, 0.218, 0.043, 0.115) *$$

$$\begin{pmatrix} 0 & 0 & 0.1 & 0.9 \\ 0 & 0.1 & 0.6 & 0.3 \\ 0 & 0 & 1 & 0 \\ 0.1 & 0.3 & 0.6 & 0 \\ 0 & 0.1 & 0.8 & 0.1 \\ 0 & 1 & 0 & 0 \\ 0 & 0.1 & 0.9 & 0 \end{pmatrix}$$

$$= (0.009, 0.128, 0.704, 0.158)$$

（4）能耗与碳排放综合评价向量：

$$S_4 = W_4 * R_4 = (0.480, 0.290, 0.230) * \begin{pmatrix} 0 & 0 & 1 & 0 \\ 0 & 0 & 1 & 0 \\ 0 & 0.1 & 0.7 & 0.2 \end{pmatrix}$$

$$= (0.000, 0.023, 0.931, 0.460)$$

6.4.2 M企业模糊综合评价向量的确定

此为二级模糊评价，结果如下：

$$S = W_A * R = (0.145, 0.283, 0.488, 0.084) *$$

$$\begin{pmatrix} 0.010 & 0.618 & 0.372 & 0.000 \\ 0.000 & 0.442 & 0.532 & 0.114 \\ 0.009 & 0.128 & 0.704 & 0.158 \\ 0.000 & 0.023 & 0.931 & 0.460 \end{pmatrix}$$

$$= (0.019, 0.274, 0.626, 0.148)$$

6.5 对于评价结果的等级评定

6.5.1 评定规则

一般情况下，根据评价结果选择 $S_k = \max \{S_i\}$ 作为评价对象的评语等级。前提是根据以下情况可能会有部分矫正：

设 $S_k = \max \{S_i\}$，计算出 $\sum_{i=1}^{k-1} S_i$、$\sum_{i=k+1}^{m} S_i$，

a. 若 $\sum_{i=1}^{k-1} S_i \geq \dfrac{1}{2} \sum_{i=k+1}^{m} S_i$，或者 $\sum_{i=k+1}^{m} S_i \geq \dfrac{1}{2} \sum_{i=1}^{m} S_i$，则按 $S_k - 1$ 或者 $S_k + 1$；

b. 若 $S = \{S_1, S_2, \cdots, S_m\}$ 中有不止一个相等的最大数，则仍按 a 中规定进行计算。计算后若依旧离散，则按照计算移位后对应的中心等级进行评定。若中心等级有两个，则按照对应的权重较大者进行等级评定。

6.5.2 评定结果

以 B_1 物流设施为例，确定它的评价等级：

$$S_1 = (0.0100.618, 0.375, 0.000),$$

$$S_{12} = \max \{S_i\} = 0.618$$

$$\sum_{i=3}^{4} S_{1i} = 0.372$$

$$\frac{1}{2} \sum_{i=1}^{4} S_{1i} = 0.5$$

因为：

$$\sum_{i=3}^{4} S_{1i} \leq \frac{1}{2} \sum_{i=1}^{4} S_{1i},$$

所以选择 S_{12} 对应的评语集，即为：

$$S_{物流设施} = \text{“良好”}$$

同理可得：

$$S_{物流设施} = \text{“良好”}$$

$$S_{技术装备} = \text{“合格”}$$

$$S_{运营管理} = \text{“合格”}$$

$$S_{能耗与碳排放} = \text{“合格”}$$

$$S_{M企业} = \text{“合格”}$$

根据计算结果显示，M企业只有"物流设施"这一个指标的评价结果为"良好"，另外三个指标的评价结果均为"合格"，属于 S_3 级。根据二级模糊综合评价的结果，该企业总体的综合评判等级为"合格"。

6.6　小结

根据以上分析，得到对 M 企业物流配送体系低碳水平的评价为"合格"。由对该物流企业的分析可以看出此物流企业从规划建设到运营发展过程的优点和劣势，需要从提高技术设备的水平、做好低碳运营管理、控制能耗和碳排放几方面努力改善。评价结果对本企业及其他物流企业的低碳发展起到一定的引导和规范作用。

7 物流企业配送体系提高低碳水平的政策建议

从上述对 M 企业的评价来看，物流企业的低碳发展需要多方面同时进行改善，比如调整车辆运力结构、采用更加先进的技术等。因此，为有效实现企业配送体系的低碳发展，可以注重以下方面的改善。

7.1 调整优化车辆运力结构

企业应加快调整和优化车辆运力结构，加快营运车辆向箱式化、专业化、大型化方向发展，增加适合短途集散用的轻型低耗货车，同时提高集装箱车辆、重型车辆、甩挂车辆比重，大力发展甩挂运输、集装箱运输、厢式货车运输以及重点物资的散装运输，加快形成以小型车和大型车为主体的车辆运力结构。

7.2 使用车用替代能源

企业应积极推进车用替代能源的应用，更新 CNG 汽车以及营运货车"油改气"的工作，引入双燃料、低能耗车辆，因地制宜地推广汽车利用天然气、醇类燃料、煤层气、合成燃料和生物柴油等替代燃料和石油替代技术，从而实现优化能源消耗结构、有效降低能耗与碳排放的目标。

7.3 推行共同配送

共同配送是指通过一个配送企业对多家用户进行配送，或者多个物流企业共同使用某一物流设施或设备，其实质是物流资源的共享。共同配送是解决我国物流配送设施利用率低、布局不合理、重复建设等问题的较好方案。

实现共同配送，可以有效提高车辆的装载率，减少社会车流总量，改善交通运输状况，进而改善社会生活品质。

7.4 改进运输设备

目前运输设备需要依靠煤炭、石油等传统能源来维持动力，而这些依靠传统能源为动力的运输设备会产生大量的二氧化碳。随着科学生产力的提高，核能、太阳能、风能、生物质能、地热能、海洋能、氢能等逐渐诞生。新能源是以新技术和新材料为基础，使传统的可再生能源得到现代化的开发和利用，取之不尽、周而复始的可再生能源。目前在中国可以形成产业的新能源主要包括水能、风能、生物质能、太阳能、地热能等，都是可循环利用的清洁能源。新能源产业的发展既是整个能源供应系统的有效补充手段，也是环境治理和生态保护的重要措施，是满足人类社会可持续发展需要的最终能源选择。例如，可以实现门对门的汽车运输目前基本是以汽油和柴油作为发动机原动力，不但对环境有很大的噪声污染，而且对能源的消耗量大，汽油、柴油又是不可再生的能源类型，二氧化碳的排放量也非常多，由于国际油价的不断上扬，企业的运输成本也非常高，因此以新能源为动力的汽车应该更广泛地普及和利用。要想解决碳排放的污染问题，最行之有效的办法是鼓励企业尽量减少采用传统能源的运输设备，而多采用没有污染的新能源运输设备，使企业在自身降低运输成本的同时也减少二氧化碳等有害物质的排放量，加强对环境的保护。

7.5 搭建共同配送信息服务平台

共同配送服务平台不仅可以提高企业内部管理、业务处理的水平，还能够为参与各方提供及时、必要的供需信息，是物流资源整合的最佳工具，在一定程度上充当了社会资源组织者、协调者的角色。借助 GPS、GIS 及物联网技术，可以实现配送车辆的全程跟踪、线路的动态调整，进而达到城市物流配送的智慧化。

7.6 提高低碳意识

我们知道，人类生活必然消耗能源，而能源消耗得越多，二氧化碳等的排放就越多，从而导致地球暖化的速度加快，人类赖以生存的地球环境会逐步恶化，直接威胁到人与自然的和谐共处，危及人类的生存和生活。低碳生活就是告诉我们要以理性的眼光看待能源消耗，倡导和鼓励自觉地减少能源消耗，转变各种过度消耗能源的"高碳"生活，倡导一种"低碳"的生活。所以，健康正确的低碳生活就是改变我们以往的粗放型生活方式，从而树立一种节约资源、能源意识，改变传统生活习惯的一种全新生活方式。政府还要大力通过电视、报刊、广播、网络等媒体手段多途径、多方面地宣传低碳，使企业经营者充分认识到，实施低碳物流不仅可以降低企业自身的运输成本，增加企业的利润，还可以减少对大气有危害的各种污染物的排放，以此来保护我们自身赖以生存的环境。

第四篇

低碳工程

1　低碳城市

1.1　经济的发展现状

当前，经济对中国社会发展的推动力越来越强，经济和百姓生活的关注度也越来越高。在《中国，大趋势》中有一个时间轴的概念，将中国经济发展分为三个阶段（1949—2039 年）。其中，1949—1979 年为第一阶段，是改革开放前 30 年。1979—2009 年为第二阶段，是改革开放的第一个 30 年。2009—2039 年为第三阶段，是改革开放的第二个 30 年，也是下一个 30 年。

首先，我国在阶段自需自供了 30 年，是完全封闭的与国际无互动阶段，并且实施计划公有制经济，这样的模式显然不可持续，难以为继。1978 年年底，邓小平同志首次提出改革开放。

在第二阶段，在改革开放初，中国从"封闭"转为"开放"，开始与国际接轨。在"全球经济一体化"过程中，我们找到了自己的优势，即廉价劳动力，通过生产低成本产品出口充分发挥了这一优势。这一阶段，中国 30 年的平均增长率高达 9.8%，全球罕见。

然而在此阶段，全球经济大危机爆发了。一个全球范围、长期积累形成的全球大泡沫破灭了。泡沫的破灭，意味着在泡沫长期形成的过程中不断拉大的虚需求也随之瓦解。全球的需求不断萎缩。全球范围内经济结构出现巨大失衡。这也说明，中国不能再像过去 30 年一样拥有巨大的外需市场。中国要"保持经济平稳较快增长"就必须进行"内需大开发"，这是下一个 30 年的发展趋势。

中国经济发展的现状包括民营化、城镇化、反暖化、完整制造业大国、人民币国际化、人口政策、可持续发展问题等。

（1）民营化。

实验证明，民营企业对国家经济起到了巨大作用。无论从工业产值、贸易、就业乃至创汇方面，民营的贡献日增月长。然而整个社会包括政府的政策对民营企业仍存在一种潜意识的不信任、排斥或歧视，这在一定程度上影响了国家经济的正常发展以及内需的大力开发。

中国拉动内需存在三大阻力。拉内需就是把钱花在国内市场，但是现在存在一个问题，就是没钱花，准确地说就是收入及财富分配不均的问题。中国有 13 亿人口，本应是一个庞大的内需市场，但是由于收入分配的差距，购买力不足。虽然改革开放已经 30 多年，但"非公"一词大概只有我们中国人自己才可以领悟。"非公"表现在政策之上，除了在融资方面，民营企业较国有企业有更多的困难之处，最大的限制恐怕是在投资领域与范围上的制约。在一般市场经济国家完全对民企开放的一些领域，如能源、电信、水利、电力、交通（铁路、公路、航空、港口、机场等）等行业，在中国仍处于国家垄断的状态。这样的状态既不利于国家整体资源的优化配置，更会导致民营投资无门，内需拉动不起来。

（2）城镇化。

我国有庞大规模的人口大市场，但平均消费水平不高，因为中国人口中大多为农民。政府用补贴救济的方式有助于提高他们的生产力，但是规模有限。所以，中央经济会议就提出"城镇化"。"城镇化"的意义甚至还超越了经济，收入分配的改善有助于社会公平和社会和谐，再者放宽了对农民迁徙的限制，也保障了人民的基本人权。

（3）反暖化。

说"反暖化"就免不了提到低碳经济。社会已越来越意识到碳排放对全球及人类造成的重大危机。一个同样甚至更重要的后果是它将产生难以想象的巨大商机。中国作为一个发展中国家，减碳积极性越来越高，并会一直持续下去。这有四个原因：

① 中国已跃升为全球首度碳排放大国，目标大，压力大。

② 中国的暖化危机，除了与一般国家类似，有南北两极的暖化问题之外，还多了第三极（喜马拉雅山脉）的雪融问题。雪融问题会导致洪涝、旱灾等问题。

③ 中国一旦形成强烈的危机意识，通过庞大的国企部门及有效政策调动民企部门，推动起来会很有效率。

④ 中国一定会注意这个巨大商机，就像航太科技与工业一样。

（4）完整制造业大国。

中国除了有丰富的工资相对低廉的初级劳动力之外，也有为数众多的工资相对低廉的高级劳动力，这使得中国可以推进产业不断升级。再加上"13亿"还有一个代表市场需求的概念，这一巨大的市场形成一个巨大的空间，将会源源不断地吸纳各种层次的产业与企业，最终使中国有可能成为全球第一个涵盖几乎所有科技档次的全方位制造业大国。

（5）人民币国际化。

金融危机发生之后，中国自 2009 年开始，已经陆续与不同国家及地区分别签署了两种协议，一是双边互换货币协议，二是双边自由选择贸易结算货币协议，并首先选择香港地区作为试点，为人民币国际化的第一步，也就是人民币的区域化做好准备。美元，或者说美国独占全球范围的筹币权，是美国作为一个超级强权国家的"核心利益"，绝不轻易容许他国对其挑战。1985 年日本想尝试日元国际化，被美国以"广场协议"压迫日元大幅升值而逼退；1999 年欧元跟进，美国虽多方阻挠却没有成功，如今欧元"十年磨一剑"，占全球外汇储备的比重已达 27% 以上，美国虽欲破坏，却已力难从心，但将来会有什么变数仍需注意。对中国而言，面对美国的美元政策已深受其害，所以明知人民币国际化是一个高难度的考验，但已别无选择。

（6）人口政策。

研究一个国家短期的发展，完全不需要考虑其人口因素，因为无论人口数量、年龄结构，在短期内的变化均相当有限。然而要观察一个国家长期的发展，就绝对不能忽略人口这个重要因素。实施了 30 多年的"一胎化"人口政策是到了必须积极进行调整的时候，以避免老龄化的来临对中国经济社会造成巨大压力，而且政策的调整宜早不宜迟。对中国而言，如果太晚调整人口政策，那时鼓励生育在高教育素质的父母身上未必有效，却有可能在低教育素质的父母身上见效，从而可能拉低中国的平均人口素质。

（7）可持续发展问题。

① 环境与生态的可持续发展问题。对于环境与生态的可持续发展问题，我国出台了科学发展观，各部门要通过各种可操作的政治设计把它落实下去，其重中之重就是把它具体落实到各级政府官员的执政评价机制中去。

② 社会与政治的可持续发展。社会与政治的可持续发展问题主要有两点：一是社会矛盾的积累与群体事件的频繁出现；二是腐败问题。要改善第一个问题，除了提出"和谐社会"这一重要执政理念之外，同样重要的是将"社会主义"与"市场经济"两者做出更好的平衡与结合，使各级政府的施政在追求经济效率与生产力的同时，能兼顾到社会的公平与正义，而此努力在相当程度上又与政治革命有密切的关系。

社会与政治的可持续发展中的另外一个问题是腐败。习近平指出："反腐败是实现中国梦的前提。"要实现党的十八大确定的各项目标任务，实现"两个一百年"目标，实现中华民族伟大复兴的"中国梦"，必须把我们党建设好。党风廉政建设和反腐败斗争，是党的建设的重大任务。为政清廉才能取信于民，秉公用权才能赢得人心。改革开放 30 多年来，以邓小平同志为核心的党的第二代中央领导集体，以江泽民同志为核心的党的第三代中央领导集体，以胡锦涛同志为总书记的党中央，始终把党风廉政建设和反腐败斗争作为重要任务来抓，旗帜是鲜明的，措施是有力的，成效是明显的，为我们党领导改革开放和社会主义现代化建设提供了有力保证。

1.2 中国经济可持续发展与低碳经济

可持续发展是指既满足当代人需求又不对后代人满足其需求的能力构成危害的发展，要求人类与自然和谐共处，认识到自己对自然、社会和子孙后代应尽的责任。实施可持续发展是我国在 20 世纪 90 年代提出的一项重大发展战略。过去，人们没有认识到全球气候变暖是光污染、声污染、水污染、固体废弃物污染等问题之后的又一重大环境问题，是人类在可持续发展过程中必须面对并予以解决的。而以低能耗、低污染、低排放为基础的低碳经济发展模式更全面地认清了能源使用所带来的环境问题，是可持续发展战略的中心议题。

全球金融危机爆发后，美国政府宣布将开发新能源、发展低碳经济作为重振美国经济的新一轮增长点，2009 年，美国以《复苏与再投资法案》及《清洁能源与安全法案》加强了资金投入及制度建设，希冀以低碳经济代替 IT 产业带动本国经济下一个 10 年的高速发展。除美国外，欧盟及其成员国、日本等国也制定了各自的低碳经济发展战略。目前看来，世界各国都将低碳经济视为解决气候变换问题的最终方案和应对金融危机的主要抓手。各发达国家都将低碳经济及相关产业作为在下一轮世界经济竞争中赶超他国、取得优势地位的重要武器，发展低碳经济所涉及的领域广、问题深，被预测为催生新经济增长点的希望之所在，除了政治与环境意义外，其也具有十分重大的经济价值。

综上所述，我国排放空间被严重挤压，高耗能、高消费的发展道路已行不通，必须走一条低碳排放的发展道路。同时，发展低碳经济也给中国提供了一个改变经济结构、转换增长方式的契机，是中国经济社会发展过程中的主动选择。

发展低碳经济，归根结底要靠技术。我们应将技术进步和科技创新作为中国应对气候变化必须坚持的原则，重点推广以下先进科学技术，为节能减排提供技术支撑。

（1）煤的清洁高效开发和利用。

重点研究开发煤炭高效开采技术及配套装备、重型燃气轮机、整体煤气化联合循环（IGCC）、高参数超临界机组、超临界大型循环流化床等高效发电技术与装备，开发和应用多联产技术，大力开发煤液化及煤气化、煤化工等转化技术，以煤气为基础的多联产系统技术，二氧化碳捕获及利用、封存技术等。

（2）油气资源勘探开发技术。

重点开发复杂断块与岩性地层油气藏勘探技术、低品位油气资源高效开发技术、提高采收率技术、深层油气资源勘探开发技术，重点研究开发深海油气藏勘探技术和稠油油藏提高采收率综合技术。

（3）核电技术。

研究并掌握快堆设计及核心技术、相关核燃料和结构材料技术、突破钠循环等关键技术，积极参与国际热核巨变实验反应堆的建设和研究。

（4）可再生能源技术。

重点研究低成本规模化开发利用技术、开发大型风力发电设备和高性价比太阳光伏电池及利用技术、太阳能发电技术、太阳能建筑一体化技术、生物质能和地热能等开发利用技术。

（5）输配电和电网安全技术。

重点研究开发大容量远距离直流输电技术和特高压交流输电技术与装备、间歇式电源并网及输配技术、电能质量监测和控制技术、大规模互联电网的安全保障技术、西电东送工程中的重大关键技术、电网调度自动化技术、高效配电和供电管理信息技术和系统。

2010 年的全国两会"一号提案"创新性地提出要"将中国特色低碳发展道路确定为经济社会发展的重大战略"，并提出了两条具体建议：一是明确中国特色低碳发展道路的核心要求、实现方式和战略目标；二是将低碳经济作为新的经济增长点，将中国特色发展道路作为应对气候变化、推动经济发展的重大战略，在列入"十二五"规划的同时考虑更长远规划。

综合国内专家学者的观点，构建我国低碳经济国家战略框架，当前最重要的工作包括五个方面：

一是制定科学的发展规划。规划一定是发展的前提,符合未来发展方向的规划能有效地刺激生产力水平。制定低碳和生态经济发展规划,应结合国家和地区的发展需求、基本条件和科技水平来实施。

二是提升科技创新水平。要发展低碳,就必须把握科技创新。因此,要始终站在国际技术前沿,研究跟踪国际新趋势,组织实施科技研发与试验项目,增强自主创新的能力,扶持新能源,节约减排,加快成熟技术。

三是培育新型产业。发展低碳和生态经济必须依靠市场,依靠新型产业,依靠重大企业。这就要求我们必须建立符合低碳和生态经济发展需求的市场体系,完善供求、竞争、价格、风险;加快实施产业化工程,积极培育大型骨干企业,实施规模化开发利用,确保资源在产业中得到最有效的配置。

四是创新体制机制。我国应进一步完善发展低碳与生态经济的领导和协调机制及考核机制,要把应对气候变化工作纳入国家的"十二五"规划,把控制温室气体排放和适应气候变化的目标作为各级政府制定中长期发展战略和规划的重要依据,在条件成熟的地方可以先探索试行绿色国民经济核算体系。

五是加强国际交流与合作。这要求发达国家兑现向发展中国家提供资源和技术转让的承诺,更加广泛地开展国际合作,探索可持续发展框架下适合各国国情的低碳共同发展道路。

1.3 中国发展低碳经济面临的挑战

全球气候的变化使中国面对越来越大的减排压力,无论从气候变化还是从国内自身结构调整及可持续发展来说,发展低碳经济、建设低碳城市都是大势所趋。目前全国各地纷纷争取成为低碳经济发展实验区,欲在国内率先打造低碳经济、低碳建筑、低碳交通、低碳生活、低碳环境、低碳社会"六位一体"的低碳城市。低碳城市这个新事物目前正呈现快速发展势头。然而对于中国这个发展中国家而言,"低碳"意味着机遇与挑战并存,所以,低碳城市不应该只是一个时髦或者被炒作的概念,它要求城市建设和发展的决策者必须清楚认识到发展低碳经济、建设低碳城市所面临的实际机遇与挑战。

中国建设低碳城市具有一定的挑战性,从国内动力和国际压力两方面来看,调整产业结构、促进可持续发展是一个很好的机遇。

首先,城市要实现工业化,能源需求快速增长的趋势是难以逆转的。发展低碳经济是经济转型、提高经济发展质量、向可持续发展方向迈进的必经之路。低碳城市建设将催生新的生活方式革命，尤其像北京、上海这样的特大城市，人口、交通、环境、能源等仍是其可持续发展的瓶颈，经济发展方式的转型和生态文明建设任重而道远，应率先建设成为低碳城市。

其次，目前一些城市正处于产业调整期，而以城市为单元发展与应用可再生能源技术，建立低碳经济发展模式和低碳社会消费模式，不仅能破解城市发展的瓶颈、促进城市可持续发展，也将为企业的升级转型提供众多新机遇。

最后，中国的科技水平、创新能力和国家综合竞争力也有望在应对气候变化、推进低碳经济和建设低碳城市的过程中得到质的飞跃。在建设低碳城市的过程中，应加强对节能、提高能效、洁净煤、可再生能源、先进核能、碳捕获利用与封存等低碳和零碳技术的研发和产业化投入；加强国际合作，有效引进、消化、吸收国外先进的低碳和气候优化技术，从而带动整体科技水平的提升。

1.4 应对策略

本质上说，低碳经济是能源技术创新和能源结构调整问题。推动低碳经济实践意味着各类能源利用技术的研发和采用，以及可再生能源的开发和利用。这种实践包括两种：一是调整能源产业结构，即减少传统化石能源的使用比重；二是发展节能产业，节约资源，提高资源和能源利用率。归根结底，发展低碳经济的关键就是发展低碳技术。

低碳技术主要分为两大类：一类是可再生能源和新能源技术，另一类是节能技术。

1.4.1 可再生能源和新能源技术

（1）太阳能。

它的利用一般包括三种方式：首先是光热利用，即太阳能集热，其具体利用如太阳能热水器、太阳能锅等；其次是太阳能发电，即光伏发电、光热发电和太阳能电池等；最后是光化学转换，这是一种利用太阳辐射能直接分解水制取氢的光化学转化方式。太阳能的优点是普遍、无害、巨大、长久。太阳能的缺点是分散性、不稳定性、效率低和成本高。太阳能利用包括太阳能热利用、太阳能光伏发电、太阳能制氢、太阳能建筑，以及太阳能的其他利用形式。

在太阳能利用技术不断发展的过程中，其技术种类也不断增加，应用范围将不断扩大，可以说，太阳能技术将更加融入人们的生活和工作；并且随着太阳能转换效率的不断提高和开发成本的不断降低，特别是多晶硅薄膜电池等新型太阳能技术的不断完善，以及太阳能技术与其他技术的不断集成与融合，全世界的太阳能利用产业将呈现光明的前景。

（2）风能。

风力发电，是当代人利用风能最常见的形式。风能与其他能源相比有明显优势，它蕴藏量大，分布广泛，永不枯竭，对交通不便、远离主干电网的岛屿及边远地区尤为重要。风力发电的优势是：除了水利发电以外，目前风力发电是最成熟、成本降低最快的新能源发电技术。

（3）水电。

水是世界上的主要能源之一，水电不仅是可再生能源，并且成本低，是清洁能源，可改善自然环境，水电有防洪、灌溉、航运、供水、养殖、游泳等众多社会效益。综合国内外水电技术的研发与实践，未来水电技术主要有以下发展趋势：环保友好型、和谐发展型水电技术是未来水电利用技术的主力军；高新技术不断提升水电工程的技术含量，水电利用技术不断创新，相应的标准、规范不断完善；流域、梯级、滚动、综合的有序开发成为未来水电开发利用的重要趋势；抽水蓄能技术在未来水电开发中将大有作为；在保护生态基础上，科学规划，有序开发，加强管理，促进小水电的健康发展。

（4）生物质能。

生物质可以通过一定的先进技术进行转换，除了转化为电力外，还可生成油料、燃气或固体燃料，直接应用于汽车等交通工具或柴油机、燃气轮机、锅炉等常规热力设备，可以说，几乎能应用于目前人类工业生产或社会生活的各个方面。主要生物质能利用技术包括直接燃烧、生物质气化、液体生物燃料、沼气、生物制氢、生物质发电技术。

（5）核电。

世界上有比较丰富的核资源，地球上可供开发的核燃料资源所提供的能量是化石燃料的 10 万倍以上。核能应用具有许多优点：核燃料体积小而能量大，污染小并且安全。

（6）地热能。

地热能是来自地球深处的热能，是一种储量相当巨大的清洁能源。现在许多国家为了提高地热利用率，采用梯级开发和综合利用的方法。其可用于地热供暖、温室种植、水产养殖、洗浴医疗、休闲娱乐和其他方面。

（7）海洋能。

海洋能是指利用一定的方法设备将海洋能转换成电能或其他可用形式的能。由于海洋能具有可再生性和不污染环境的优点，因此开发海洋能是非常重要的。海洋能的特点是蕴藏量大，并且可以再生。

（8）天然气水合物。

天然气水合物是 21 世纪最具商业开发前景的战略资源，正受到各国政府的重视。水合物中甲烷的碳总量相当于全世界已知煤、石油和天然气总量的两倍，可满足人类 1000 年的需求。其储量之大，分布范围之广，足以成为人类未来动力的希望。

1.4.2　节能技术

所谓节能技术就是提高能源开发利用效率和效益，减少对环境的影响，遏制能源资源的浪费的技术，主要包括能源资源优化开发技术、单项节能改造技术与节能技术的系统集成、节能生产设备与工艺、节能材料的开发利用、节能管理技术等。欲发展低碳经济，就必须从这些产业入手。

1.4.2.1　工业生产节能

工业生产如水泥、钢铁、化工及其他重工制造业是耗能大户，因此必须创新和利用节能高效的生产方法。要实现低碳生产，就必须实行循环经济和清洁生产。低碳经济就是一种可持续生产模式。我们应该最大限度地提高资源和能源的利用率，最大限度地减少其消耗和污染物的产生。

1.4.2.2　清洁煤技术

煤炭转换技术是以化学方法为主，将煤炭转化为清洁的燃料或化工产品的技术，其中包括煤炭气化、煤炭液化、燃料电池和多联产系统等，是清洁煤技术的核心和将来的发展方向。煤炭转换技术的应用，能够减少因燃烧煤炭而造成的环境污染，也有利于改变终端能源的消费结构。

煤炭液化是将固态煤在适宜的反应条件下转化为洁净的液体燃料和化工原料的过程，工艺上分为直接液化、间接液化和由直接液化派生的煤油共炼工艺。煤通过加氢和加氢裂解反应可以脱除绝大部分杂原子，转化成外观类似石油的煤液体，但与石油的化学结构差别很大，这一工艺称为煤的直接裂化。自 1973 年以来，美国、德国和日本等发达国家相继开发了许多直接液化的新工艺。发展煤炭液化技术可弥补煤炭资源丰富的国家石油资源的不足。

1.4.2.3　整体煤气化联合循环发电系统（IGCC）

整体煤气化联合循环发电系统，是将煤气化技术和高效的联合循环技术相结合的先进发电系统。其优点是发电热效率高、优越的环保特征、耗水量少、易于大型化，单机功率可达到 300~600 兆瓦以上。

（1）建筑节能。

建筑节能包括采暖空调、热水供应、家用电器、照明等方面的能耗。研究和开发建筑节能的新技术途径和提高建筑能源的利用效率，是发展低碳经济、建设低碳社会的必然选择。

实现建筑节能，一般从两个方面着手：第一，降低建筑的能耗量。在建筑中保持能源，提高建筑中的能源利用率，减少能量的损失，这也就是一般人们所说的节能建筑。第二，利用新能源，实现建筑的"零耗能"。

（2）低碳交通：新能源汽车。

新能源汽车是指采用非常规的车用燃料作为动力来源（或使用常规的车用燃料、采用新型车载动力装置），综合车辆的动力控制和驱动方面的先进技术所形成的技术原理先进、具有新技术和新结构的汽车。新能源汽车包括混合动力汽车、纯电动汽车、燃料电池电动汽车、氢发动机汽车，以及其他新能源汽车等各类别的产品。

从世界实现低碳经济的实践中，人们已经认识到，建设低碳城市、实现低碳社会在很大程度上依赖低碳技术的创新。因此，必须高度重视低碳经济的研发工作，重点着眼于中长期战略技术的储备；整合市场现有的低碳技术，迅速加以推广和应用；鼓励企业开发低碳先进技术；加强国际间的交流与合作，促进发达国家对发展中国家的技术转让。通过以上手段，实现低碳技术发展的跨越式进步。

2 低碳社区

2.1 低碳社区的概念

目前对"低碳社区"概念的直接定义还较少，多数是从不同的研究视角出发进行描述。

（1）从低碳经济角度进行阐述，认为低碳城市社区是在低碳经济模式下的城市社区生产方式、生活方式和价值观念的变革。

（2）从减少碳排放的角度进行定义，认为低碳社区指在社区内除了将所有活动所产生的碳排放降到最低外，也希望透过生态绿化等措施，达到零碳排放的目标。

（3）从可持续发展的概念出发，在可持续社区和一个地球生活社区模式的倡导下提出低碳社区建设模式，以低碳或可持续的概念改变民众的行为模式，从而降低能源消耗和减少二氧化碳的排放。

（4）从城市结构关系的角度描述，当代城市土地开发主要体现在社区的建设上，社区的结构是城市结构的细胞，社区结构与密度对城市能源及二氧化碳排放起了关键的作用。

2.2 低碳社区产生的背景

总体来说，低碳社区的概念是基于低碳城市的提出和发展产生的。低碳城市（Low Carbon City）的理念来源于低碳经济（Low Carbon Economy）。国际科学界已有充分的证据证明，当前气候变暖有 90% 以上的可能性是由人类活动造成的，而城市作为人类活动的主要场所，其运行过程中消耗了大量的化石能源，排放的温室气体已占到全球总量的 75% 左右，制造出全球 80% 的污染。随着不断加快的城市化进程，城市扩张速度越来越快，城市也因此变得越来越脆弱，频繁发生的气候灾害威胁到城市居民正常的生产生活，中国城市也难以幸免。聚焦城市，因其是许多重大环境问题的受害者，更因其具有强大的资源调动力和影响力，在低碳经济的发展之路上最重要的实施平台就是城市。因此，城市是区域碳减排的重要单元和研究主体，是实现全球减碳和低碳城市化的关健所在。

组成城市的重要资源是人口，是聚集在某一社区的人口，而社区是若干社会群体或社会组织聚集在某一个领域所形成的一个生活上相互关联的大集体，是社会有机体最基本的内容，是宏观社会的缩影。在并非重工业密集的城市地区，二氧化碳排放的压力主要来源于人口，而社区是承载人口最重要的基本单元。因此，建设低碳社区理所当然地成为建设低碳城市的重要抓手之一。

2.3 国内外典型低碳社区概述

2.3.1 英国——贝丁顿零碳社区

英国的贝丁顿零碳社区是位于英国伦敦西南萨顿市的一个城市生态居住区，由 Peabody Trust 公司承建，环境咨询组织 BioRegional 和建筑师 Bill Dunster 合作，目标是在城市中创造一个可持续的生活环境。社区通过使用节水设备和利用雨水、中水，减少居民 1/3 的自来水消耗；停车场采用多孔渗水材料，减少地表水流失；社区废水经小规模污水处理系统就地处理，将废水处理成可循环利用的中水。

2.3.1.1 具体做法

小区有 82 套联体式住宅和 1600 平方米的工作场地，曾获得英国皇家建筑师协会"可持续建设最佳范例"奖，并被英国皇家建筑师协会选择作为 2000 年伦敦"可居的城市"展览中可持续开发的范例。该小区采用一种零耗能开发（Zero Energy Development）系统，综合运用多种环境策略，减少能源、水和小汽车的使用。

（1）建造节能建筑。

① 为了减少建筑能耗，建筑物的楼顶、外墙和楼板都采用 300 毫米厚的超级绝热外层，窗户选用内充氩气的三层玻璃窗；窗框采用木材以减少热传导。

② 每一居民户朝南的玻璃阳光房是其重要的温度调节器：冬天，阳光房

吸收了大量的太阳热量来提高室内温度;而夏天,将阳光房打开变成敞开式阳台,利于散热。

③ 采用了自然通风系统来最小化通风能耗;经特殊设计的"风帽"可随风向的改变而转动,以利用风压给建筑内部提供新鲜空气和排出室内的污浊空气,而"风帽"中的热交换模块则利用废气中的热量来预热室外寒冷的新鲜空气。根据实验,最多有70%的通风热损失可以在此热交换过程中挽回。

(2)利用新能源和可再生能源。

① 能源方面:贝丁顿社区的综合热电厂(CHP)采用热电联产系统为社区居民提供生活用电和热水,由一台130千瓦的高效燃木锅炉进行运作。其主要以当地的废木料为燃料,这既是一种可再生资源,又减小了城市垃圾填埋的压力。

② 采用节约水资源的策略:通过使用节水设备和利用雨水、中水,减少居民1/3的自来水消耗。停车场采用多孔渗水材料,减少地表水流失;社区废水经小规模污水处理系统就地处理,将废水处理成可循环利用的中水。

(3)采用环保材料。

为了减少对环境的破坏,在建造材料的取得上制定了"当地获取"的政策,以减少交通运输,并选用环保建筑材料,甚至使用了大量回收或是再生的建筑材料。项目完成时,其52%的建筑材料在场地56.3平方公里范围内获得,15%的建筑材料为回收或再生的。例如,项目中95%的结构用钢材都是再生钢材,是从其56.3平方公里范围内的拆毁建筑场地回收的。选用木窗框而不是UPVC窗框则减少了大约800吨UPVC在制造过程中的二氧化碳排放量,相当于整个项目排放量的12.5%。

(4)优化社区结构。

① 在贝丁顿社区,对建成房产进行了有组织的分配:1/3的房子用于社会公共设施;1/3用于出租,所得收入归中间人——慈善机构或民间团体所有;另外的1/3则以传统的售房方式上市销售。这样的分配使用方式搭建了住宅小区与外界的桥梁,促进了小区居民与当地团体的交流。为了让这些以不同方式入住的居民们生活得更团结、更和谐,设计师预见性地设置了很多公共场所及设施,如幼儿园、图书馆及Zed吧。

② 创造性地利用"棕地";生活与居住空间的适当混合有助于促进地方经济发展;让不同收入阶层的人混合居住,能形成多样性的社区。

(5)倡导绿色交通。

其实施了以减少小汽车交通为目标的"绿色交通规划",主要内容包括:

① 减少居民出行需要：社区内的办公区为部分居民提供了在社区内工作的机会。公寓和商住、办公空间的联合开发，使这些居民可以从家中徒步前往工作场所，减少社区内的交通量。同时，为减少居民驾车外出，物业管理公司也做了多方面的努力，包括：为社区内的商店组织当地货源，提供新鲜的环保蔬菜、水果等食品；退台式屋顶每上一层都往里设个退缩位，为下一层公寓营造露台或花园，鼓励居民在自家花园中种植蔬菜和农作物；社区内还设有多种公共场所——商店、咖啡馆和带有儿童看护设施的保健中心，满足居民多样化的生活需要。

② 社区建有良好的公共交通网络，包括两个通往伦敦的火车站台和社区内部的两条公交线路。开发商还建造了宽敞的自行车库和自行车道。遵循"步行者优先"的政策，人行道上有良好的照明设备，四处都设有婴儿车、轮椅通行的特殊通道。社区为电动车辆设置了免费的充电站。其电力来源于所有家庭装配的太阳能光电板（将太阳能转换为电力），总面积为777平方米的太阳能光电板，峰值电量高达109千瓦时，可供40辆电动车使用。

③ 提倡合用或租赁汽车：为满足远途出行需要，社区鼓励居民合乘一辆私家车上班，改变一人一车的浪费现象。当地政府也在公路上划出专门的特快车道（Car Pool），专供载有两人以上的小汽车行驶。同时，社区内设有汽车租赁俱乐部，目的是降低社区的私家车拥有量，让居民习惯在短途出行时使用电动车。

2.3.1.2 行动效果

贝丁顿社区六年多来的实际经验与运行模式验证了此一模式社区的高可行性，使用者也能获得相当的满意度，彻底落实了"一个地球生活"的十大可持续原则，成为碳平衡值趋近于零的社区。贝丁顿证实了可持续生活可以是简单的、负担得起的、有吸引力的。因为技术层面与可持续观念的成熟，使得可持续生活已经可以不用再像以前那样高不可攀，生活品质更不会因为环保而被牺牲。

2.3.2 德国——弗莱堡及沃邦小区

2.3.2.1 弗莱堡及沃邦小区简介

德国弗莱堡市被誉为"绿色之都"和"太阳能之城"，是全球率先实现可持续发展理念的城市之一，世界各地的许多城市和社区视为楷模。沃邦是弗莱堡市的一个富有吸引力、适于小家庭居住的社区。区内的房屋多为集体建造，并以低耗能、能源自给和利用太阳能等作为建房准则，被誉为德国可持续社区的标杆。城市近80%的用纸为废纸回收加工纸。其建立了具有很高环保标准的垃圾处理站，垃圾焚烧过程产生的余热，可保证25000户人家的供暖。城市1%的用电也来自利用垃圾发酵产生的能量。

2.3.2.2　具体做法

（1）充分利用太阳能建筑，提高能效。

绿色都城弗莱堡的推介材料上有一幅巨大的照片，照片上一组庞大的建筑外形很像一条船，其因是一座巨大的太阳能发电站，故被称为"太阳能船"。"太阳能船"就坐落在沃邦小区，位于沃邦大道的东侧，这组建筑现已成为绿色都城弗莱堡的象征。仅仅说它是太阳能发电站，还不足以概括"太阳能船"的功能。这组建筑长约80米，宽约15米，上下共四层。最底层是地下车库；地面一层是两家超市；地面二层是太阳能研究机构的办公室；最上面一层是住家。住家的房顶全部是发电的太阳能光伏板。每家房顶的发电量都超过自家的用电需求，多余的电卖给电网，并从那里获得相应的收入。顶层的住户不多，但各家住户门前都有一些多余的空地。他们把它变成了空中花园，既截流了雨水，又美化了环境。

"太阳能船"的后面有一个院落，里面约有10栋长约10米的两层楼房。它们与"太阳能船"一起形成了沃邦太阳能生态住宅区。据报道，沃邦小区全部属于低碳的节能建筑。联邦或州都有立法，不符合法律规定的节能标准不得建房。一般来讲，州的节能标准高于联邦，市和地方的建筑节能标准又高于州。梅内特先生称，弗莱堡市建筑法规对节能的要求就高于所属的巴符州。

显然，沃邦的建筑全部符合弗莱堡市对建筑节能的要求。但这里也分为三个档次。第一种是耗能很少的房屋和建筑。第二种是被动式房屋，自身产生的能源与消耗的能源大体相等。第三种是自身生产的能源大于本身的消耗，即"增能建筑"，多余的能量可以为产权所有者带来额外收入。太阳能生态住宅区属于后者，它属于沃邦小区中对环境、生态贡献最大的一组建筑。

（2）方便快捷的绿色出行方式。

弗莱堡及沃邦小区有5000多人，2000套住房。住在这里的大部分是带孩子的家庭。儿童占居民人口的比重超过20%。正是由于这一比重，小区居民的平均年龄下降到30岁以下。对带孩子家庭产生诱惑力的是这里的生态环境。这里的建设规划已上升为法律，明文规定在小区内行人优先、自行车优先和公共交通优先。

由于政府的提倡和居民的支持，小区内拥有汽车的家庭不多。除了卸货和拉货之外，小区是禁止汽车通行的。有车的家庭必须将车停放在小区边缘的两个车库。居民上下班大多是骑自行车或坐公交车。据统计，从这里坐公交车也就是有轨电车到城里需要 15 分钟，骑车需要 10 分钟，步行需要 25 分钟至 30 分钟。为什么骑车比有轨电车还要快呢？首先，这是因为有轨电车需要在停车站点不断地停车。其次，德国的自行车基本全是变速车，骑起来速度很快。

因为骑车更快捷方便，所以沃邦小区的居民，无论大人还是小孩，人人都有自行车。有的住户一家有多辆自行车，分别供家里人和外来的客人使用。如果出差到外地，事先通过网络或电话在目的地城市预订一辆"共享汽车"（即凭一张实名认证的智能卡进行租车），下了火车或飞机，取了车就去办事，非常方便。所以，很多人都把自己家的私家车卖了。

（3）多重功能的"沃邦大道"。

为了让大地透气，小区尽量减少路面的硬化，在沃邦小区内只有一条公路，公路的旁边是有轨电车道。双轨仰卧在绿草丛中，绿草的下面铺设了减震材料。电车在轨道上驶过，就像人踩在地毯上一样，几乎听不到任何声响。这是为了不给两侧居民造成干扰。在轨道的另一侧七八米的地方，有一条沿街走向的渗水渠。水渠地表下面有储存水的水槽，水槽由高向低依次排开。一般下雨天，雨水几乎流不出小区。因为屋顶花园留住了部分雨水，剩余的通过管道进入渗水渠。下大雨或暴雨时，渗水渠还有排水的功能。

这条东西走向的大街被称为"沃邦大道"，它是小区内唯一的公共通道。从东往西看，它承载着三种功能：公路、有轨电车和渗水渠。在路面的分配上，大约各占 1/3。因为有轨电车是在绿地上行驶，渗水渠的表面长满了鲜草，所以绿色成了这条大道的主旋律。加上家庭花园和房前屋后的绿化与鲜花，以及儿童的游戏场所和休闲场地全部建在草坪之上，给人一种非常舒适的感觉，让紧张的神经得以放松。为了保持小区新鲜的空气，南北走向上每隔一段距离都将楼距拉开七八十米。这中间的场地既是消夏聚会的场所，又是小区与外界空气流通的通道。

沃邦大道与当地著名的"黑森林"为伴，可以将森林里的"氧"源源不断地输送到小区。小区产生的二氧化碳也可作为营养反馈给森林。在这里的草地上、树荫下，有成人可以飘荡的秋千，有石桌、石凳，还有可供 30 人使用的石壁铁炉，以便人们在享受大自然的美景时还可用铁炉烘烤食物。在一些地方，还可以看到供儿童玩耍的沙滩游戏场和小小的足球门、吊在树上供人攀登的绳索或绳梯等。总之，生活和娱乐设施非常齐全。

沃邦大道全长 550 米。这么短的一段路上，设有 3 个有轨电车车站。这当然是为了方便居民上下车，提升公共交通的吸引力。乘坐电车可直达弗莱堡市中心和中央火车站，从那里转车可通往全国各地。在沃邦大道东边的入口一侧，设有 3 个超市和购物中心、1 个药店。小区有幼儿园、中小学校，有自己的物业管理机构和餐饮设施。这是一个适合儿童成长的社区，儿童和家长在这里感到很安全。楼与楼之间除了自行车，不允许停放其他任何车辆。有车的家庭只能在小区外围的东南角或西北角上的两个公共停车库购买一个停车位，将车停放在那里。小区内古树参天，这是在小区规划和建设的过程中古树全部得以保留的缘故。楼房住宅占地面积和绿化绿地的比例为 1:6。

（4）公开透明的建房模式。

为什么在风景如画的弗莱堡地区，节能建筑的成本只有每平方米 2000 多欧元？据报道，沃邦小区没有开发商。该小区所有的住宅建筑都是居民和建筑师合作的成果，而这一切要得益于弗莱堡市政府的规划。市政府把需要开发的土地划分为若干个小块，谁有建房意愿，只需和建筑师一起将设计图纸拿到规划部门去审批。如果地块较大，个人用不完，则必须联合其他的建房者，共同设计好图纸，经过审批后即可拿到地，或者由建筑设计师负责承担某个地块，然后建筑师再去找建房人，商量好图纸后到规划部门去审批。

这种建房模式的所有环节都是公开的，便于监督。更重要的是，建房者是设计师的老板雇主，有权参与和修改图纸的设计，这是沃邦小区成功开发的秘诀之一。没有哪个建房者愿意和其他人的房子一模一样，这就带来了房屋建筑风格的多样化，给人以美的享受。房子的外观和颜色不仅必须令主人满意，客观上也形成了姹紫嫣红、异彩纷呈的视觉效果。另外，由于这里的建筑质量好，住宅使用成本低，建房者到目前为止几乎没有出租的，尽管法律规定在自住 3 年之后可以出租。换言之，在沃邦小区建房的，绝大部分都是自住。

沃邦小区的成功还有另外两点重要的因素：一是政府对节能建筑的支持。凡属节能住宅，根据其节能的程度，可从联邦和州政府获得约合建筑成本 8% 的补贴。对旧房进行节能改造，也可获得相同的政府补贴。二是居民具有很强的环保意识。沃邦小区的地表水在渗水渠中只有一掌深，甚至剥开表面的草皮，用手挖一个坑，地下水就会渗出地面。在水源如此丰富的沃邦小区，仍有居民储藏雨水或购买二次用水设备，将处理过的雨水和过滤了的废水用来洗衣服、冲厕所或浇花园，其环保意识可见一斑。

（5）广泛应用的环保节能技术。

作为生态示范小区，沃邦小区的建筑完全符合弗莱堡市的节能标准，并且被分为三种类型：第一种是耗能很少的建筑；第二种是被动式建筑，自身产生的能源与消耗的能源大体相等；第三种是自身产生的能源大于本身的消耗，即"增能建筑"。据介绍，沃邦小区内三类节能建筑的成本不一：沃邦小区每平方米低能耗房屋的建筑成本为1800～2000欧元；被动式房屋的成本为2000～2200欧元；"增能建筑"的成本为2200～2500欧元。20年前，在节能建筑研发的初始阶段，由于节能理念尚未普及，加之节能技术和建筑材料的研究推广均需要大笔资金投入，节能建筑的建设成本比普通建筑高出25%。而现在节能建筑已经发展成熟，市场需求得到了有效扩大，节能建筑的成本自然也就降下来了，目前低能耗房屋与传统建筑的建设成本已大体相当。

节能建筑的节能效果明显，其能耗与普通建筑相比可减少50%～60%。仅仅是暖气一项，每年就可减少一笔庞大的支出，这还不包括热水的开销。据统计，仅仅是节省的能耗开支，在二三十年后就相当于当初建房的全部投入，这还不包括空气质量提高、生活更加健康等改善带来的生态和社会效益。

沃邦小区的住宅不仅保暖隔音，而且环保，这要得益于新建筑材料的应用、建筑技术的进步以及对居民身体健康的重视。例如，用化工塑料制造的隔音保暖建材虽然效果很好，但由于不利于环境和居民健康而被禁止采用。小区的很多新型建材都是用复合材料制成的，例如一尺多厚的板材，只有上下各10厘米是水泥或木质的硬质材料，中间全是稻草、锯末或谷物的壳，在制作过程中经过压缩黏合而成。用这种新型建材铺地不仅隔音，而且保暖，人在上面走动还有一种弹性感，好像踩在地毯上。其实，有时只要多动一点脑筋，就能带来建筑技术的革新。比如室外的楼梯或台阶，它们与主建筑之间有1厘米的距离，只要在中间填充一些绝缘材料，室外的人上下楼梯时，里面的人就根本听不到任何声音；冬天，台阶上的冷气也不会传递到建筑的外墙，从而达到保暖的效果。

2.3.3　中国——武汉百步亭社区

2.3.3.1　中国低碳社区建设起步

中国低碳社区的发展起源于国家发改委于2015年2月12日颁布的《低碳社区试点建设指南》，其成为中国建设低碳社区的纲领性文件。这份文件明确了三点：

一是明确了社区的概念，"社区"是指城市居民委员会辖区或农村村民委员会辖区，包括辖区内的居民小区、社会单位、配套设施等。

二是明确了"低碳社区"的概念，是指通过构建气候友好的自然环境、房屋建筑、基础设施、生活方式和管理模式，降低能源资源消耗，实现低碳排放的城乡社区。

三是明确了低碳社区试点的基本要求和组织实施程序，提出按照城市新建社区、城市既有社区和农村社区三种类别开展试点，并详细阐述了每类社区试点的选取要求、建设目标、建设内容及建设标准。

2.3.3.2　武汉百步亭社区建设低碳社区实践

（1）百步亭社区基本概况。

武汉百步亭社区地处市区北部，总占地面积 7 平方公里，规划居住 30 万人口，是目前武汉市最大的康居工程。经过 10 余年的发展，现已完成 2.5 万平方公里建设，其中适用经济房占普通商品房的 30%，入住人口约 10 万人，居民家庭年收入大多在 5 万～10 万元，适用经济房居民家庭年收入低于 4 万元；社区提倡居民自治管理，首创建设、管理、服务"三位一体"的百步亭社区管理模式，被评为全国和谐社区建设示范社区，并成为荣获首届"中国人居环境范例奖"的唯一社区。

（2）百步亭社区新区生态规划建设实践。

百步亭社区绿色生态理念的贯彻实施，随着社会环保意识的不断提高、可持续发展观念的不断深入而发展，由最初强调单一绿化景观建设，到只注重建筑节能技术，发展至当前关注社区空间布局综合生态效益。在"十二五"期间，围绕两型社会建设，百步亭社区提出建设"21 世纪武汉的和谐生态居住低碳新城"的目标，启动区位于社区核心区，占地 45 公顷，作为低碳示范区将低碳理念付诸于社区建设中。

对于一个面向城市中等收入水平的大型安康住区，本书认为低碳社区建设应建立在与地区社会经济发展水平相适应的基础上，旨在普通居住社区示范推广，不追求"低碳高投"的片面宣传。其主要通过合理的土地空间布局、对当地自然地理资源的充分利用、绿色交通的综合组织等"低技术"手段来实施，规划提出"聚商、活水、汇绿、节能、降碳、乐居"等策略，通过切实可行的低碳技术，以达到和谐、低碳生活的目标。

① 混合利用土地资源，完善功能配套，实现低碳生活总体布局。百步亭社区将完善的社区公共服务设施与居住建设同步实施，不仅满足了居民生活需要，降低了交通出行生活成本和能耗，同时也为居民提供了大量就业岗位。结合公园式商业街布局，整个大社区现已建成 10 多万平方米的商业设施、10

个快餐食堂和大型酒店、多功能健身中心、医院等公共服务设施；同时大力引进优质教育资源，建成6所幼儿园、4所小学、2所中学和1所老年大学，以及党校、市民学校、家庭教育学校等满足居民多元化需求的终身教育系统。

② 组织特色鲜明的景观慢行道，组织慢行绿色交通。在启动区的规划中，结合轨道交通站点，建立了与公交、电瓶车等多种交通工具的无缝衔接，鼓励居民减少对小汽车的使用。社区实行"绿色交通计划"，沿主干道规划了供步行、自行车和电瓶车使用的"慢行系统"，倡导健康环保的生活方式。其现已建成4处电瓶车充电平台和8处免费自行车租赁点，以方便社区居民绿色出行；同时，通过慢行系统串起的篮球场、网球场、乒乓球馆及滑轮溜冰场等公共配套运动服务设施，使居民充分享受全民健身的低碳生活。

③ 充分利用城市自然水道，形成水系生态廊道，实现水资源的优化配置和循环利用。启动区的"活水"工程，是通过联通西侧的黄孝河及明渠水系，加强雨水收集和生态水岸的处理，形成生态水净化循环网络。每个居住组团景观应用人工湿地技术，将组团的生态景观与地域文化相结合，不仅提供休闲娱乐的场所，还成为"水生物、植物生态链"和水处理系统，减少水资源的消耗，取得了良好的生态效益和社会效益。

武汉市年降雨量充沛，因此建立了雨水收集系统，利用管网收集小区的雨水作为回用水源，储存在公共绿地内的雨水收集池和水景水体内，经过过滤、尘沙等处理后进行绿化、道路浇洒、水景补水和场地冲洗，并将雨水收集系统和人工湿地系统相结合，雨水收集系统为人工湿地补水，人工湿地为雨水净化提供帮助。采用雨水利用技术后，处理每吨雨水的成本大约为0.3元左右，大大低于城市供水价格。

④ 充分利用城市自然气候特征，构建低能耗空间布局。武汉市全年主导风向为东北风，夏季主导风向为东南风。其利用这一气候特点，组织了5条偏东南向贯通住区的通风廊道，利于缓解夏季热岛效应，改善区内微循环气候环境。武汉本地最佳朝向为南偏东、偏西15度，针对这一特点，社区建筑布局均采用以南北朝向为主，适当进行偏转。这能够保证自然通风和日照充足，也可以通过控制建筑体型系数、楼间距等措施达到住宅本身高效的保温隔热性能，可达到国家建筑节能标准30%以上的目标。

⑤ 运用生态节能技术，降低能源的消耗。武汉地处冬冷夏热地区，社区将建筑结构体系的优化与建筑节能结合起来，建筑尽量减少外墙的钢筋混凝土面积，增加保温隔热层。建筑采用KK黑金刚无机保温砂浆做外保温，225毫米厚的加气混凝土砌块填充外墙，苯板做屋面保温隔热。社区利用武汉地

处长江、水资源丰富的优势，大力推行地源热泵技术。在启动区 2 万平方米公建和约 3 万平方米住宅中，采用了闭式中循环垂直地埋管地源泵系统，计量方式采用了分户计量收费，每平方米单月使用费用 3~4 元，这使整个系统较常规采暖和空调设备节省电力 30%~40%。太阳能技术在启动区项目的1500 套住宅中得到了广泛推广。其采用了集中采暖、分户储水的太阳能热水系统，经过核算，能效比传统分户太阳能热水器提高 15% 左右，为居民降低生活成本、提高生活质量奠定了良好的基础。社区还规划了垃圾压缩站及生活垃圾生化处理机房，厨房垃圾进入生活垃圾生化处理机进行。社区建立了完整的垃圾分类培训、指导、检查和激励制度，力争垃圾分类收集、分拣和生化处理后，小区垃圾总量将减少 40% 左右。

3 低碳企业

3.1 低碳企业概述

低碳企业是指一个企业系统只有很少或没有温室气体排出大气层，或指一个企业的碳足印接近于或等于零。低碳企业可让大气中的温室气体含量稳定在一个适当的水平，避免剧烈的气候改变，减少恶劣气候给人类造成伤害的机会，因为过高的温室气体浓度可能会引致灾难性的全球气候变化，会为人类的将来带来负面影响。其多指高新技术产业、生物制药等，对环境污染少，大气排放量低。

低碳企业是建设和实现低碳社区的主导，它既是全社会推行低碳消费方式的"瓶颈"，也是"桥梁"。"瓶颈"是指企业是能源消费和碳排放大户，由于社会低碳消费意识的增长，低碳消费方式作为价值考量标准，促使企业不得不进行技术革新，降低能耗，提高资源的利用率，实行环境友好的排放方式。实现企业生产性消费的低碳化是一项长期、艰巨的任务，需要企业具有减排的社会责任意识并投入资金和人力资源，通过技术创新降低企业单位能源消费量中的碳排放量，最终实现企业生产消费过程中能源结构趋向多元化和产业结构升级。"桥梁"是指企业也是低碳消费产品的提供主体，是联系低碳生产性消费和低碳非生产性消费的桥梁。低碳消费方式作为一种新的经济生活方式，给经济发展和企业经营带来新的机遇。企业只有提供了低碳节能的消费品，使公众在超市或其他商场购买产品时根据低碳化程度有所选择，才能建立更广泛、深入地推行全民低碳消费方式的物质基础。

3.2 中国低碳企业代表——海尔集团

3.2.1 响应国家号召，提供绿色节能产品

早在 2004 年雅典奥运会时，海尔就为雅典体育馆提供了一系列空调产品，积累了一定的奥运产品提供经验。

2008 年北京奥运会期间，海尔秉承"绿色奥运、科技奥运、人文奥运"理念，开发了一系列"绿色奥运产品"，向北京 2008 年奥运会提供绿色家电，在产品设计、开发、生产等环节实现全流程"绿色"环保。2008 年，海尔冰箱、空调、洗衣机、热水器等 31 个大类、60000 多件绿色产品进入了国家体育场、水立方、青岛奥帆基地等全部 37 个奥运比赛场馆。海尔为 2008 年北京奥运会所有的比赛场馆和训练场馆提供了 6000 台自然冷媒冰箱，全部采用自然冷媒——二氧化碳，使得北京奥运会成为奥林匹克运动史上自然冷媒使用规模最大的一届。而海尔自主研发的太阳能中央空调系统于 2006 年 8 月装备于青岛奥帆基地，使其成为北京奥运会第一个使用太阳能设备的奥运场馆，每年为该基地节约运行成本 19.14 万元，减排二氧化碳约 16 吨。海尔的这些举措使得 2008 年北京奥运会成为奥运历史上绿色家电应用最多的一届。

（1）自然冷媒冰箱。

海尔集团为 2008 年北京奥运会提供了 5353 台自然冷媒冰箱，这些冰箱全都采用自然冷媒——二氧化碳。

据专家介绍，自然冷媒是存在于自然界中的、非经人工合成的、可作为冷媒用途的物质，如氨、二氧化碳、水、空气和碳氢化合物等。20 世纪 30 年代，氯氟烃（CFCs）开始被广泛地作为制冷媒介，但 20 世纪 80 年代科学研究发现，一个氯原子就可以消耗上万个臭氧分子，因此，氯氟烃是一种消耗臭氧层物质。为了防止氯氟烃对臭氧层的破坏，世界普遍采用逐级替代的方法，更新使用了较为环保的冷媒。

（2）不用洗衣粉的洗衣机。

海尔在奥运村、媒体村等场所建立了 18 个洗衣房，为来自全球的官员、运动员、媒体记者及工作人员提供快速洁净的洗衣服务。海尔一直以来注重自主研发环保节能产品，不用洗衣粉的洗衣机更是以差异化的创新技术，解决了 15 个世界级难题，融 32 项技术专利于一身，不仅颠覆了传统洗衣观念，

更被业界誉为"未来洗衣机"。

不用洗衣粉的洗衣机的原理来自电解水。每个洗衣机内都有一个隔膜式电解槽，自来水通入时通过电解装置将水电解成了弱酸性和弱碱性的水，弱碱性水代替洗衣粉的功效，用来清洁衣物上的污垢和油渍；弱酸性水在漂洗时可以杀菌消毒，这样可以更好地保护皮肤，防止了洗衣粉的化学残留造成皮肤过敏的现象，并且排出的水是中和的，对环境也不会造成污染。平时如果使用洗衣粉需要漂洗 3 次才能将残留物洗净，而现在不用洗衣粉，只需 1 次就可以了。实验证明，它的洗净能力比普通的洗衣机提高了 25%，省水省电均达到 50%。

（3）太阳能空调。

海尔在青岛奥林匹克帆船中心、北京网球中心和运动员餐厅铺设了 2864 平方米的太阳能集热板，为海尔太阳能空调和太阳能热水器提供热量。这套太阳能设备每年可以节约 2415000 度电，每年估算可以比常规能源减少二氧化碳的排放量约 2140 吨。

（4）超静音冰箱

海尔集团专为奥运设计的带智能管理的静音冰箱，凭借与众不同的创新功能受到北京奥组委的一致肯定，进驻奥运媒体村。

据介绍，海尔超静音冰箱之所以能够脱颖而出，就在于其创新的领先功能。该冰箱采用半导体制冷，环保无污染，健康时尚，与 2008 年奥运会的主旋律一脉相承。同时，小巧的外型让冰箱可嵌入宾馆客房柜中，美观典雅。最值得一提的是其突出的静音优势，对于媒体记者来说，因为工作的特殊性，安静的生活环境是必需的，无压缩机的海尔半导体冰箱的低噪声设计正适合了媒体记者的工作特点。

3.2.2 采用低碳技术，严控集团能耗

海尔能源和资源消耗主要有电、天然气、液化气、蒸汽、水等，其中电的消耗量最大。

（1）办公照明节能措施。

据权威机构统计，在办公楼的所有能耗中，照明占了 38%，是办公楼中最大的电力消耗者。对中心大楼的用能统计结果表明，产品展厅的照明用能占全楼总能耗的比重很大，展厅里经常灯火通明却空无一人，办公区也经常因为不能及时关闭闲置照明灯而白白浪费电能；没有自然采光的卫生间在工作时间灯一直亮着，走廊、电梯间的照明更是 24 小时常明。这些照明灯虽然

功率有限，但常年开启也是一笔不小的费用。中心大楼 10 ~ 12 层共设展厅 11 间，每间展厅面积约 150 平方米，每间照明功率 8 ~ 20 千瓦，三相电源供电。为保障接待工作，展厅照明一般处于常开状态，每天开启 10 小时，月耗电约 3 万度。

（2）中心大楼展厅照明系统改造。

海尔对中心大楼展厅照明系统进行了深入的调查，设计出改造方案：在每个展厅的两个出入口处吸顶安装 2 只红外感应器，展厅内根据需要安装 1 ~ 2 只感应器，做到全面覆盖无死角即可。感应器统一调整为延时 30 秒关断，改造后，参观者进入展厅，人体所产生的红外线触发门口的感应器，所有照明灯具点亮；参观者在展厅内任何一个位置都会处在至少一个感应器的覆盖范围内，期间灯具会持续点亮；参观者离开展厅后，30 秒内无人触发感应器，则所有灯具熄灭。通过节能改造后，海尔每月节约费用 8000 元，每月节约用电 1.6 万千瓦时，相当于减排二氧化碳 5.2 吨。

（3）办公室照明控制。

通过对办公区照明的实际检测，按照照度标准下限 100 勒克司❶对冗余照明进行拆除，2 根灯管减为 1 根，并根据白天、夜晚、晴天、阴天时自然采光照度的不同，将照明分组控制，并在开关上做了"白天模式"和"夜晚模式"的标识，方便控制，以达到降低照明用电的目的。通过改造，海尔每月节约费用 7500 元，每月节约用电 1.5 万千瓦时，相当于减排二氧化碳 4.9 吨。

海尔也实行了小功率照明控制，在人员流动性较大但面积较小的照明场所，例如卫生间、门厅、走廊、电梯间、更衣室等，采用小功率照明控制，由红外感应器与开关继电器一体组合而成，直接负载，无须连接附加电源，实现"人来灯亮，人走灯灭"的智能控制。

（4）计算机节能。

在办公期间，计算机开启后闲置不用或用完后不能及时关闭会造成不必要的能源消耗。目前，海尔拥有计算机 1.5 万台，通过计算机域进行节能控制管理，如果计算机 15 分钟无操作，将由目前的屏保改为关闭显示器，功耗约下降 40%；20 分钟关闭硬盘，30 分钟进入待机状态，功耗约下降 60% 以上；预计年可节省电费 333 万元。

---

❶ 勒克司（lux，法定符号 lx）是照度（Illuminance）的单位，等于 1 流明（lumen）的光通量（Luminous flux）均匀照在 1 平方米表面上所产生的照度。适于阅读和缝纫等的照度约为 60 勒克斯。

4　低碳校园

4.1　低碳校园概述

低碳校园建设是在低碳经济这个时代大背景下提出来的。低碳校园建设需要与中国国情相结合，并以科学发展观为指导，推行节能减排、低碳出行等，旨在帮助建设可持续发展社会，建设和谐校园。低碳校园是新的历史条件下的选择；低碳校园建设是可持续发展的时代召唤。

4.1.1　概念

低碳校园就是通过校园低碳设计和管理来发展低碳经济，即通过开发和开展节能技术、提高能源利用率、加强环境保护力度、转变生活方式等措施，实现在保证校园正常运行和学生水平提高的同时，降低碳排放的目的。

低碳校园建设的目的就是保护环境、节约资源，在校园里就表现为无纸化教学、洗手后关好水龙头、用餐时节约资源、节约用水等。这些不仅是国家低碳校园的要求，也是人们应有的良好道德。

低碳校园就是在校园生活中引入低碳生活，例如：

（1）少用纸巾，重拾手帕，保护森林，低碳生活。

（2）每张纸都双面打印，相当于保留下半片原本将被砍掉的森林。

（3）随手关灯、关开关、拔插头，这是第一步，也是个人修养的体现；不坐电梯爬楼梯，省下大家的电，换来自己的健康。

（4）绿化不仅是去郊区种树，在家、校园种些花草一样可以。

（5）少用塑料袋，一只塑料袋5毛钱，但它造成的污染可能是5毛钱的50倍。

（6）在校用餐，不要浪费。

（7）节约练习本和白纸，把字写小一点，那么练习本和白纸就能写更多的东西，不会浪费。

在校园、社区，你可以多多发现，多多践行。

低碳校园从另一个方面来说，就是让高校师生过"低碳生活"。"低碳生活"广义上的解释是减少二氧化碳排放量；狭义来讲就是每个人节约能源的生活，使低碳成为生活中的一部分，也就是说低碳生活是一种生活态度，一种当代时尚的生活态度。

4.1.2 特征

从低碳校园的基本理念分析，低碳校园至少具有五个基本特征：低碳经济的教研机构，依托高校自身的教育教学资源，以组建专门组织机构的形式开展低碳经济研究和低碳理念的宣传教育；低碳环保的基础设施，应用低碳技术新建或改造校园设施，推广使用清洁能源和节能技术或监管平台；践行低碳理念的师生群体，师生将低碳理念和意识贯穿在日常工作与生活中，减少碳排放量；低碳生态的校园环境，在人与自然协调发展的基础上实现资源节约，为师生提供绿色、健康的学习、工作、生活环境；低碳高效的管理体系，注重高校内部管理体制机制和方式方法的创新，具有较高的工作效率和较大的管理效益。

4.2 国内外研究现状

基于低碳经济等理论，高校低碳校园建设的基本理念为：以科学发展观为指导，以遵循教育教学发展规律和人的成长规律为原则，以降低温室气体排放为目的，推行低碳理念，倡导低碳学习、生活、工作方式，建设园林化、生态化、数字化、人文化的和谐校园，着力提升高校人才培养、科学研究和社会服务质量，促进高等教育科学发展。

4.2.1 国外研究现状

国外在建筑设计中很早就用到了"低碳设计"这一设计理念，目的在于形成"低碳设计"风尚，加工、推广"低碳设计"的设计原理、理念、方法及手段，来降低建筑和制造在生产、加工、储运及回收等各个环节所产生的温室气体排放量。英国阿特金斯设计集团高级建筑设计总监 Mr. PeterRidley 在以"绿色设计，低碳设计"为主题演讲的时候就指出："无论是在做项目，或者在设计的同时，都一定要考虑低碳设计。"阿特金斯在全世界范围内发起了"碳临界设计",希望在项目建设和运行的过程中强调减少碳排放。2008 年英国驻广州总领事馆与广州国际设计周组委会联合举办了"国际低碳设计奖"（Low Carbon Design Award），正式将这种低碳设计模式和理念推向社会大众。

随着低碳经济的发展，国内外学者对低碳校园建设所涉及领域的研究逐渐深入和全面。日本曾经对东京都的能源消费及碳排放量进行统计，在包含众多大型企业的事业体的能耗及碳排放量排序中，东京大学名列第一。而在美国，研究型高校的校园单位面积能耗比大多数建筑的能耗都要高，尤其是实验室和数据中心的全天候运转消耗了大量的能源。在美国，从总量上看，学校建筑的总能耗仅次于各类办公类建筑的能耗总和。从我国来看，大学生的人均能耗指标明显高于全国居民的人均能耗指标。据初步统计，全国大学生生均能耗、水耗分别是全国居民人均能耗的 4 倍和 2 倍。这也说明校园蕴藏着巨大的节能潜力。

4.2.2　国内研究现状

在我国的大学校园里，"碳排量""低碳生活""低碳经济"已经成为很流行的名词，各地区院校都积极响应国家可持续发展政策：北京大学依托中国大学生环境教育基地联合首都高校大学生共同发起致力于可持续校园建设，集中回收校园废品，同时利用所得收入开展植树造林、大学生低碳科研、环境教育推广等活动的"林歌计划"；华南理工大学也在低碳校园建设中取得较好成效。其他院校也不同层次地利用各种平台，努力建设低碳绿色校园。有些大学生还在为其做宣传，例如，安徽大学、合肥工业大学等 6 所高校的百余名大学生环保志愿者通过行为艺术表演等方式，倡导广大市民参与"低碳生活"。有的大学成立了关于可持续发展及环境保护方面的沙龙，其间讨论了有关节能减排等问题，以及诸多与大学生生活息息相关的"环保生活"。

从我国国内形势来说，低碳校园建设是必需的。目前，我国经济发展迅速，同时也面临挑战，传统产业占主导地位，第三服务业也在发展中，高技术产业相对薄弱，国家在发展经济的同时还要坚持可持续发展。在经济快速发展的同时，能源消耗严重，水污染、大气污染日益严重，"低碳"在当今社会必不可少。

在国内外形势的综合作用下，低碳经济得到国际社会的广泛认可。就我国来说，发展低碳经济可以帮助国家节能减排，实现可持续发展。

4.3 本书研究思路

本书旨在通过对高校低碳校园建设现状及问题的研究来总结低碳校园的现状及未来发展趋势。首先，对于低碳校园这个大问题进行研究，从概念、特征、国内外对此的研究等几个方面对低碳校园进行全方位研究，从而了解什么是低碳校园、低碳校园的意义、低碳校园能做些什么。其次，了解目前低碳校园的现状并加以深入分析，从而找出现状的问题所在以及针对现状的一些对策。然后，以华北电力大学科技学院低碳校园为例，针对低碳校园问题进行实践活动，主要包括：对华北电力大学科技学院进行实地考察，例如学校供暖、食堂、宿舍供电等问题，分析华北电力大学科技学院的低碳校园现状；发放调查问卷，此调查问卷主要针对华北电力大学科技学院的学生、教职工及工作人员，问卷内容大体分为低碳观念、低碳行动、低碳意见等几个方面。

针对由此得出的低碳校园建设现状问题，本书进行进一步分析。采用低碳指标分析方法，全面考虑设计中的各个指标，系统分析低碳处理方式，是比较适合的分析方法。根据实际情况，本项目在研究过程中采用满意度分析方法、低碳指标分析方法进行分析后，总结合理的低碳设计，分析采用低碳设计以后不仅可以节约资源，还可以减少环境污染；校园实施低碳设计以后，能促进社会的可持续发展。

综上所述，通过对高校低碳校园的理解，对华北电力大学科技学院进行实践，得出低碳校园建设现状及问题，从而制定低碳设计，对低碳校园建设未来发展奠定基础，促进可持续发展。

4.4 低碳校园现状及问题分析

4.4.1 低碳校园现状

低碳校园正处于建设中，其中存在许多不足和有待解决的问题。低碳校园建设的现状主要表现在以下几个方面。

（1）低碳研究停留在理论层面。

我国政府高度重视高校低碳校园建设，为了推进高校节能减排工作，早在 2008 年，教育部、住房和城乡建设部就联合发布了《关于推进高等学校节约型校园建设进一步加强高等学校节能节水工作的意见》及《高等学校节约型校园建设管理与技术导则》，鼓励高校对低碳校园进行理论探讨和实践创新。

目前，大多数高校的低碳研究停留在理论层面，课题研究很少，研究成果的实用性不强。在高校和各大企业合作中，未做到共同合作、共同进步，而只是停留在表面，未能落实。企业没有参与到学校低碳校园建设中来，学校也没参与到企业节能产品的开发中去。

低碳校园建设的前提是有先进的低碳技术，低碳技术又需要从低碳研究中得到。低碳研究是高校的优势，作为低碳经济发展的人才培养基地，高校有充足的人才资源、设备资源。这也为发展高校低碳校园建设奠定了基础。

（2）缺乏低碳教育。

英国是低碳经济的发源地，英国更注重低碳教育的内在、社会健康的需求。建设低碳校园的基础是低碳教育，目前，大多数高校在对低碳校园进行宣传时，都是通过学校社团、广播等媒体，这些活动在一定程度上对宣传低碳校园起到一定作用，但是形式未免太单一，并且后续活动缺乏，不能长期坚持下来，导致低碳教育不能长久，所以活动效果不明显。加之学校社团每年纳新，老成员退出，新成员没有强烈的低碳意识，低碳教育就会一年一年地重复，没有进步，没有提高，并且在学校举办这些低碳活动时，实际参与其中的人太少，大部分只是支持者。

4.4.2　问题分析

低碳校园建设存在的问题主要如下。

（1）节能意识。

环境的改善不仅需要制度的约束，最主要的还是取决于学校。大部分高校没有开设环境这一学科，学生的节能意识很薄弱，并且大众媒体对此宣传力度不够，大部分人没有这方面的观念。

（2）开展技术改造，提高资源共享。

要发展低碳经济，搞好低碳校园建设，就必须率先在低碳技术上取得领先地位。首先，借助科研优势积极开发新能源，将节约型校园建设和学校科研相结合，引领低碳能源科技发展。技术改造主要是提高资源利用率，重点改进食堂、宿舍节水、节电措施。在此基础上，将有科技含量的技术运用在生活中，如将沼气工程用在学校食堂、澡堂等。此外，要合理用水用电。

（3）资源共享问题。

资源是大众的，要想做到节约资源，一个重要的方法就是资源共享。如果把资源独占，不懂得共享，资源还是会浪费；又或者因为技术问题，导致资源利用率低，共享不充分。大部分高校的数字化建设不断发展，每所高校都积累了大量的教学资源，但由于学科分离、学院分离等原因，设备使用、实验室使用、实习基地建设存在重复的问题，学校的一些资源没有利用充分，存在严重的资源浪费问题。

（4）技术落后问题。

大学生越来越多，高校亟须扩建，因此基础设施建设速度加快。而各高校在建设时未考虑节能因素，导致能源的浪费。

（5）校园规划建设不合理。

校园规划不合理就会造成资源的不必要浪费和碳排放的增加。建筑物的建造过程是高耗能的，而且由于大学城的规划选址普遍远离城市中心，教学区和生活区分离，增加了学校通勤车的使用量和教职工驾私家车上下班的机会。其次是校园植被，各高校在进行规划建设时基本上都是按照整齐方式进行，却忽视了对节能的思考。人工草坪需要大量供水；为了达到整齐的规划而进行树木移植，这会造成大量的树木死亡，并且长时间内达不到减少碳排放的目标。

4.4.3　对策研究

关于低碳校园建设的意见如下。

（1）开展多形式宣传，增强低碳观念。

强硬的制度只能表面上约束人们的低碳行为，使人们按规定遵守，只能是治标不治本。要想实现低碳校园，最重要、最关键的一个方法就是让人们从根本上树立低碳观念，让这种意识深入人心，使人们的低碳行为并不是被强制做的，而是发自内心的要求，这样，人们的低碳行为才能长久，低碳行为才能成为人们生活的一部分。

加强低碳宣传的基础是搞好环境教育。目前，大部分高校并没有设立环境这一科目，所以就需要通过环境教育让师生了解并学习节能方法，甚至是节能技术，从而使得师生养成良好的节能意识和环保意识，之后形成一种行动习惯。校园低碳宣传可以通过校园社团宣传、报刊、网络、广播等媒体，在校园内定期进行低碳宣传，进行低碳校园竞赛。这些可以使师生的低碳观念落实到实践中，从而全面推动低碳校园建设。在此基础上，学校可以开展多形式的宣传。首先，开设与低碳经济有关的专业和课程，丰富教学内容，活跃课堂氛围，使学生更快地接受低碳知识，从而更好地开展低碳教育。同时，教师可以制定相应的教学方法，目的就是激发学生的主观能动性，使学生在实践中锻炼自己的主动性，增强自身的低碳观念。比如，开展讨论课堂，使低碳观念深入学生的内心；开展低碳竞赛，引导学生参与到低碳行动中；等等。

（2）提高技术，加强校企的低碳研究。

低碳观念是一个持久性的方法，而加强技术则是一个关键的步骤。低碳校园建设不仅要靠师生们的低碳观念，还需要技术做坚实的后盾。搞好低碳校园建设，必须在技术改造上下功夫。对于各大高校来说，提高技术可以依靠科研的力量，积极开发新能源，以节水、节电为关键改进食堂和宿舍用水用电，并利用节能设备对校内基础设施进行改造。

目前，清华大学、对外经济贸易大学和北京交通大学均设立了"低碳研究与教育中心"。就如前文所说，低碳技术是低碳校园建设的坚实后盾，低碳技术又需要不断进行低碳研究，所以，低碳研究必不可少。各高校在低碳研究中除了自身对这方面的研究之外，还可以加强与企业的合作，共同进步，这样才能创造出适合的节能产品，而不是只停留在理论阶段。此外，在进行低碳研究的同时，各高校应积极鼓励学生参与其中，为学生提供低碳研究的机会，以此来培养学生的低碳技术等能力。

（3）加强管理和监督。

管理可以帮助低碳校园建设有条不紊地进行，节约时间，提高效率。监督为低碳校园建设提供了保障。低碳管理的基础是各高校的后勤管理，后勤是整个高校资源利用的控制基地，水电使用、基础设施维修等工作都是后勤在管理，加强管理的首要工作就是加强高校后勤的管理，完善的后勤管理制度是后勤工作的保障。所以，要尽量完善管理制度，分清责任。

（4）打造绿色校园。

低碳校园建设需要全校师生及科研人员的努力，这不是一朝一夕的事情，任重而道远。节能是每个公民的义务，我们有责任节能减排，保护我们赖以生存的家园。大学生作为祖国的未来，更有义不容辞的责任做低碳的倡导者、实践者，鼓励每个人加入到低碳生活的活动中来。

4.5 低碳校园建设途径探析——以华北电力大学科技学院为例

4.5.1 低碳校园建设途径

姚争、冯长春、阚俊杰（2011）运用生态足迹模型，基于测算北京大学的交通、能源及师生日常生活生态足迹的结果，指向性地设计了生态足迹消减方案，并提出了基于生态足迹视角的低碳校园发展建议，即优化校园空间结构，合理安排用地功能；鼓励节能减排，提升资源利用效率；遵循绿色建设理念，增加校园内碳汇；加强制度建设、弘扬低碳校园文化。

王甜甜（2011）基于大学校园建设是典型的物质环境空间这一特点，从建筑学、景观设计学、室内设计学等领域将低碳理念运用到校园的建筑设计、案观设计及教学设施等方面，利用环保节能的材料和设备来代替传统的建筑材料和照明、采暖设备，从而减少二氧化碳的排放量。

施建军（2010）介绍了对外经济贸易大学在低碳校园构建中采取的六项具体措施，即利用再生水资源，最大化节约用水；利用清洁能源，减少碳排放；回收锅炉烟气余热，减少使用天然气；建筑物墙外保温改造，提高建筑物节能效果；采用先进的水源热泵技术，实现再生资源的利用；全面开展科学用电即节约用电，建设节能型校园。

4.5.2 华北电力大学科技学院低碳现状及问题分析

4.5.2.1 现状调查

本书首先通过对华北电力大学科技学院进行的实地调研，剖析华北电力大学科技学院在低碳校园建设中面临的问题。

（1）日常生活浪费。

日常生活浪费和个人的环保意识息息相关。在校园内，浪费行为随处可见，这表明学生没有一个明确的节能观念，包括以下几个方面：

① 食堂。食堂营业者方面，一次性饭盒现象严重，学生很少直接在食堂就餐，而是选择带回宿舍吃，这就造成了一次性饭盒和塑料袋的大量使用。

② 宿舍。首先，华电科院宿舍用电制度是：晚上 18：00～23：00，早晨 5：00～8：00，中午 12：00～15：00；学校的用电制度符合学生的作息时间，对于节电起了很好的作用。然而学生却不注意节约用电，不使用电灯和电扇时不注意关闭电源，造成电资源的不必要浪费；大部分寝室基本上不主动关灯，系统自动熄灯后，第二天起床灯一直亮着。其次，在用水方面，学生因没有强烈的节水意识，在用水方面觉得没必要去节约，有人甚至认为水反正也充足，不需要节约。这深刻体现了学生的节能意识太薄弱。

③ 教学区。教学区资源的浪费主要体现在教室电灯、电扇不及时关闭，并且上自习的学生并没有集中在几个教室，而是分散在各个教室，这就使得

本来可以只消耗几个教室的资源变成了消耗学校大部分资源。

（2）纸质品的浪费。

学生必不可少的就是书本，也就是纸质类产品。通过在华北电力大学科技学院的实地调查发现，少部分学生使用书本，大部分则是选择去学校打印室进行课件打印，而不是从图书馆借书使用。这一现象一方面导致图书馆资源没有得到充分使用，另一方面造成纸张的浪费和碳排放的增加。另一个现象是纸张双面使用，纸张双面使用是从小学就开始进行的节约教育，但是在大学浪费纸张的现象还是很常见的。

（3）图书馆资源浪费。

我们在华北电力大学科技学院进行实地考察过程中发现，图书馆资源存在浪费现象，一点就像上面所说的大部分学生选择打印课件，而非去图书馆进行借阅。另一点是图书资源没有及时进行更新，使得图书馆图书资源存在陈旧、过时现象，资源利用率低下，旧的图书在图书馆摆放造成资源浪费，新的图书没来得及更新造成资源利用不够。借阅图书的学生没有按规定时间归还书籍，也未进行续借，使得学校图书利用紧缺、资源得不到共享等。

4.5.2.2　现状分析

在华北电力大学科技学院可以看到一些针对低碳环保的活动，比如学校环境保护协会举办的"熄灯一小时""变废为宝""校园宣传"等活动，以及学校读者协会举办的"捐书捐物"活动等。这些活动举办得还是很成功的，也有许多同学参与其中，但还是有很多同学并没有意识到低碳的重要性。这表明学校的低碳建设宣传需要进一步提高。另外，华北电力大学从2015年开始使用"一卡通"，这是一个响应低碳的好政策，一卡通就可以代替澡卡、饭票、图书证等，节约了资源，方便了学生生活。

其次，在实地调查的基础上，我们对华北电力大学科技学院进行了问卷调查，主要对象是华北电力大学师生。调查问卷的主要内容分为以下几个方面：低碳意识的调查；日常生活中低碳生活的调查；学校资源浪费现象及建议。具体问题如下。

"低碳生活，你我同行"——关于高校校园低碳生活现状调查

低碳生活，是指生活作息时所耗用的能量要尽力减少，从而减低碳特别是二氧化碳的排放量，减少对大气的污染，减缓生态恶化，主要从节电、节气和回收三个环节来改变生活细节，是低能量、低消耗、低开支的生活方式。

现在，低碳不仅是一种生活态度，同时也成为人们推进潮流的新方式，"低碳旅行""低碳出行""低碳饮食"等潮流新词层出不穷。可见，低碳生活方式将成为未来主导的健康生活方式。

感谢您参加这次的调查问卷，希望借此能引起您对低碳生活的关注，你我同行，让地球更洁净！

1. 您的性别？ *
   ○A. 女士   ○B. 男士

2. 您所在的年级？ *
   ○A. 大一   ○B. 大二   ○C. 大三   ○D. 大四

3. 您知道"低碳"这个词吗？ *
   ○A. 非常清楚   ○B. 有所了解
   ○C. 听过，但不清楚   ○D. 闻所未闻

4. 您主要是怎样了解到"低碳生活方式"的？ *
   ○A. 电视、广播、互联网等媒体宣传
   ○B. 专门环保机构的宣传
   ○C. 老师、亲戚、朋友的传播
   ○D. 其他：_____（请注明） *

5. 您觉得"低碳"与您现在的生活关系大吗？ *
   ○A. 不大，那是政府相关部门的事
   ○B. 有点关系，某些方面（请举例说明：_____）

6. 您认为"低碳生活"的实施重点在于？ *
   ○A. 个人行为习惯 ○B. 学校宣传教育 ○C. 政府强制实行
   ○D. 其他：_____（请注明） *

7. 您平时生活都会注意节水、节电吗？ *
   ○A. 没注意，很随意用
   ○B. 有注意，但不严格
   ○C. 严格节约

8. 您觉得自己寝室的水电利用情况如何？ *
   ○A. 没注意，很随意用
   ○B. 有注意，但不严格
   ○C. 严格节俭

9. 您在关闭电脑主机后，会关闭显示器吗？ *
   ○A. 从来都会   ○B. 偶尔会   ○C. 偶尔不会   ○D. 从来不会

10. 关于学校的低碳生活，你认为？ *
    ○很必要   ○一般

11. 您经常双面使用纸张吗？ *
    ○A. 从来都会
    ○B. 偶尔会，视情况而定

○C. 从来不会

12. 您在超市购物会购买一次性塑料袋吗？ *

    ○A. 每次都要购买

    ○B. 偶尔会，视情况而定

    ○C. 从来不会，都会自备袋子

13. 平时买完东西回来的一次性塑料袋，您会马上扔掉吗？ *

    ○A. 总会，需要时再买

    ○B. 选择性收集

    ○C. 不会，收集起来重复利用

14. 平时购物时，您是否会注意挑选环保节能型的商品？ *

    ○A. 从来都会   ○B. 偶尔会   ○C. 从来不会

15. 日常生活中，您是否会主动把垃圾分类丢进垃圾桶？ *

    ○A. 从来都会   ○B. 偶尔会   ○C. 从来不会

通过调查结果，可以分析出华北电力大学科技学院以下几个现状。

（1）低碳意识薄弱。

问卷调查结果显示，对于"低碳"，所有参与调查问卷的师生都表示听过，但是高达83.33%的参与者只是有所了解；16.67%的参与者只是听过，但并不是很清楚。对于低碳的了解来源，83.33%的参与者表示是通过电视、广播、互联网等媒体宣传得知，通过专门环保机构宣传得知和老师、朋友传播得知的均占8.33%。在针对低碳重要性的调查中发现，66.67%的参与者认为"低碳"与生活息息相关；8.33%的参与者认为在某些方面有点关系；竟然有25%的参与者认为关系不大，只是政府相关部门的事情。这个结果显示大部分学生的低碳意识太薄弱，根本没有低碳这个概念，有些学生认为低碳很重要也是受平时环保教育的影响而已，对于"低碳"，他们没有系统的概念，也没有形成低碳观念。在调查中，有75%的参与者认为"低碳校园"的实施重点在于个人行为习惯，16.67%的参与者认为需要政府强制实行。这一结果表明大部分学生内心还是有"低碳"这一意识，只是这个意识太薄弱，不足以使他们形成"低碳习惯"。

（2）日常生活方面。

针对日常生活调查发现，无论是在学生生活中还是在寝室里，对于节水、节电，大部分人都表示有注意，但是不严格。

（3）学校资源浪费现象。

针对这个问题，参与者都给出了自己的意见和建议，具体可以分为以下几个方面：一是食堂饭菜浪费。二是宿舍用水用电浪费。三是一次性物品使用严重。四是建议建立完善的监督机制等。这个问题在实地调查时就有所体现。

无论是在华北电力大学科技学院进行实地调查还是进行问卷调查，学校在低碳校园建设中的现状和问题不外乎以上几个方面。

4.5.2.3 对策建议

（1）学校角度——在低碳校园建设中采取的措施。

党的十七大指出，"必须把建设资源节约型、环境友好型社会放在工业化、现代化发展战略的突出位置，落实到每个单位、每个家庭"。建设低碳校园不仅是全球发展趋势的需要，也是实现可持续发展的关键步骤。高校是培养人才的地方，是培养祖国未来的地方，是栋梁之才的源泉，它的建设关系到国家人才的培养和国家未来的发展。因此，国家越来越重视和谐校园建设。

学校要进行低碳建设，就需要针对学校目前的现状制定相应的对策，不能急于求成，使学校和师生慢慢适应。低碳校园建设，说直接点，就是向学校引进低碳理念，让师生树立低碳观念，并且形成一定的低碳习惯，在学校营造一种低碳生活的氛围。针对华北电力大学科技学院人员低碳意识薄弱的现状，学校首先应制定相应的规章制度。比如，将参与活动的所获奖项作为学期末评"三好"的一个重要依据；对于低碳校园建设，设立专门的机构和口号，长期进行宣传，定期评出"最佳低碳执行者"等荣誉称号，以此来激励学生积极参与。其次，建立节能减排制度体系，华北电力大学科技学院"一卡通"的实施就是一个很好的例子。

同时，应完善学校考评及监管制度，华北电力大学科技学院的能耗主要是电能和煤资源，这些全部由学校后勤部门掌控，所以应制定严格的监管制度，将责任落实到人头，明确每个人的职责，加强后勤部门的管理，将低碳责任与员工的政绩挂钩等；创建学校碳排放数据库，定期进行检测，根据检测指数制定相应的解决方案；大力推广节能产品，在节能产品的研发上投入精力和资金。

针对学校教学楼、学生公寓、食堂、澡堂等耗费资源严重的建筑，可以采取太阳能设置，建议学校建立污水处理站、废水垃圾回收处理系统等。

（2）社团角度——建设可持续发展的低碳校园的运行方向。

学校要想建设低碳校园，首先要引进低碳理念，并对其进行宣传。这时，学校社团就起到了关键性作用。学校社团是联系学生和低碳活动的一个纽带，也是开展学生工作、落实学校政策的一个组织。在宣传低碳理念这个关键环节，学校社团扮演着重要角色。

针对华北电力大学科技学院的现状及问题，社团应制定相应的对策，开展多形式的、丰富多彩的实践活动，真正地调动起学生的热情，而不仅仅是一个活动结束后就什么都没了，创造一种和谐的低碳文化氛围，用实际行动向师生提出低碳倡议。目前，华北电力大学科技学院在低碳宣传方面主要是靠学校的环境保护协会、读者协会和青协，宣传方式就是校园广场宣传及实践活动，但起的作用不是很明显。其中原因很多，从宣传者角度来说，宣传方式太过单一，没有创新，引不起学生的兴趣；就参与者来说，大部分只是凑热闹，觉得好玩，活动结束后没有起到任何作用；从学校角度来说，社团活动全部是由各个社团领导者组织、展开的，学校一般很少参与，并且对参与者实行"自愿制度"，不会强制性要求其参加，这就导致大部分学生宁愿选择待在宿舍也不愿出来参加活动。大部分学生的低碳意识本来就特别薄弱，加上随其自愿，学生就更不愿意去了。

因此，应将社团丰富多彩的宣传和学校的规定相结合，把握好低碳校园建设的运行方向，避免之前的单一形式、无用功的宣传。

（3）大学生个人角度——履行义务、树立低碳观念。

在低碳校园建设中，学校是提倡者，社团是组织者，而最重要的学生就是实践者。无论是对什么进行宣传，都是在学生身上落实，而学生认不认可，除了社团宣传、学校要求这些客观因素，最主要的还是个人的素质问题，有端正的态度对于低碳校园建设太重要了，这些道德修养是学生从小就接受的教育，端正的态度也需要我们从日常生活中实践，养成好习惯。例如，主动关灯，去食堂吃饭尽量少用或不用一次性饭盒和塑料袋，注意课本循环使用，双面使用纸张，等等。

4.6 华北电力大学科技学院"低碳校园"未来发展

低碳校园建设是一个时尚的话题，这个话题会被广泛地传播，低碳校园是社会未来的一个发展趋势。华北电力大学科技学院应积极响应政府的号召，努力建设低碳校园，一方面和国家国情相符合，另一方面建设和谐的校园。

本书通过对华北电力大学科技学院的低碳现状及问题的分析，建议其制定相应的对策。例如，摈弃以往单一的宣传方式，开展多形式的宣传，使低碳观念深入人心，使学生形成一个比较鲜明的低碳概念；再通过低碳教育及宣传，使学生积极参与到低碳实践中去，在实践中加深印象，树立低碳观念，从而形成一种低碳习惯。华北电力大学科技学院低碳校园建设不是一朝一夕就可以完成的，这需要每个人的努力。学校有毕业生走和新生到来，但是低碳文化不应该中断，相信在众人的努力下，华北电力大学科技学院会形成一种长久的低碳文化。

4.7 总结

首先，本章对"低碳校园"进行了较为全面的分析，对低碳校园也有了一个系统的认识。低碳经济这个观念是在新时代背景下诞生的，它的出现和发展定会影响全球未来的发展。而"低碳校园"是其中一个必要的建设，无论是哪个国家，高校都是培养人才和开发新产品的基地，而低碳校园建设任重道远，只靠老一辈人是不可能实现这个目标的，所以，培养高校学生的低碳观念是最主要的事情。

其次，本章对于低碳校园的国内外研究现状进行了分析，发现"低碳"这个名词是特别普遍的。在国外，许多学者在这方面投入了大量的精力和金钱，目的就是研究碳排放的指数、如何应对高碳现象及研发一些节能减排的新产品。在国内也不例外，国家在发展经济的同时，对环境造成一定的影响。我国在发展初期，重点是提高经济水平，重点发展重工业。近些年来，我国经济发展迅速，国家要求可持续发展、经济与自然和谐发展，而"低碳校园"就是可持续发展的一个例子。目前，国家不仅在环保治理上投入了大量的精力，还在科研方面注入了心血，目的就是研发新产品，代替陈旧高碳的产品，尽可能地减少碳排放，降低经济给环境带来的污染。

再次，本章以华北电力大学科技学院为例，解析了华北电力大学科技学院在低碳校园建设方面存在的问题和现状，以及针对这些问题采取的措施。这次调查采取了两种方法，即实地考察和问卷调查。通过调查发现，华北电力大学科技学院低碳校园建设当前的现状和问题主要是低碳意识太薄弱、低碳宣传形式太过单一、学校在这方面的监管力度不够、学生日常生活浪费严重等。之后，本章针对这些问题制定了相应的对策。

低碳校园建设不仅会使整个学校的资源得到大量的节约，环境得到保护，更重要的是会使各个高校发展更和谐，整体素质得到提高。低碳校园虽然建设的目的是保护环境、节能减排，但是在建设过程中会无形地提升当代大学生的整体素质，锻炼大学生的意志，一举两得。从另一个角度来说，随着低碳校园的建设，各个高校的整体素质会越来越高。高校是国家培养人才的地方，而这些人才是国家的希望、国家的未来，他们的素质提高了就代表国家的整体国民素质得到了提高。一个国家的国民素质得到了提高，就意味着国家实力的增强、国家凝聚力的增强。

在低碳校园的建设下，华北电力大学科技学院会从以下几个方面得到改善：

（1）文化氛围。

学校低碳生活的文化氛围会越来越浓，长期下去，会产生意想不到的效果。学生的某种意识是靠平时的实践加深印象，从而形成某种思维习惯，久而久之就会成为一种行为习惯，就像儿童从小学刷牙，开始是靠妈妈的提醒每天刷牙，时间长了，他们自己就会形成这样的习惯；但是如果从小没人提醒刷牙，其就不会知道有刷牙这种事，更别提自己会刷牙了。

所以，文化氛围是不容易形成的，需要很长时间的努力。

（2）环境方面。

在学校的大力宣传和强制监管下，学校的资源浪费和环境污染会得到一定的改善。在学生形成一定的低碳意识时，高校的低碳校园建设会越来越好。

（3）技术改革方面。

在低碳校园建设的推动下，学校科研机构会根据需要制定相应的对策，开发节能新产品，等等。总而言之，低碳校园建设不仅会使学校发展得越来越和谐，也会推动国家走可持续发展道路。

参考文献

［1］McKinnon A C, Woodburn A. Logistical Restructuring and Road Freight Traffic Growth：An Empirical Assessment［J］. Transportation，1996.

［2］McKinnon A C, Piecyk M I. Measurement of CO_2 Emissions from Road Freight Transport：A Review of UK Experience［J］. Energy Policy，2009.

［3］Piecyk M I, McKinnon A C. Forecasting the Carbon Footprint of Road Freight Transport in 2020［J］. International Journal of Production Economics，2010.

［4］Nicholas Stern. Stern Report［R］. 2006.

［5］Vanek F M, Morlok E K. Improving the Energy Efficiency of Freight in the United States through Commodity – based Analysis：Justification and Implementation［J］. Transportation Research Part D：Transport and Environment，2000.

［6］Agosto M D, Ribeiro S K. Eco – efficiency Management Program – A Model for Road Fleet Operation［J］. Transportation Research Part D：Transport and Environment，2004.

［7］Leal Jr I C. Modal Choice Evaluation of Transport Alternatives for Exporting Bio – ethanol from Brazil［J］. Transportation Research Part D：Transport and Environment，2011.

［8］Macharis C, Bontekoning Y M. Opportunities for or in Intermodal Freight Transport Research：A review［J］. European Journal of Operational Research，2004 (153).

［9］楚龙娟，冯春. 碳足迹在物流和供应链中的应用研究［J］. 中国软科学，2010 (S1).

［10］陈婧. 物流碳排放的估算［J］. 经济论坛，2013 (8).

［11］周叶，王道平. 中国省域物流作业的 CO_2 排放量测评及低碳化对策研究［J］. 中国人口·资源与环境，2011 (9).

［12］张立国，李东. 中国物流业二氧化碳排放绩效的动态变化及区域差异——基于省级面板数据的实证分析［J］. 系统工程，2013 (9).

［13］朱培培，徐旭. 基于循环经济的低碳物流发展模式研究［J］. 生产力研究，2011 (2).

［14］王莹. 低碳经济下的中国企业物流低碳化发展思路探讨［J］. 煤炭技术，2011 (8).

［15］李亚杰，王莹．基于低碳经济理念的低碳物流运输策略研究［J］．煤炭技术，2011（9）．

［16］郑怡宁．铁路发展低碳物流的分析［J］．铁路采购与物流，2011（7）．

［17］朱江洪，刘代平．考虑碳排放的物流配送中心选址［J］．铁路采购与物流，2011（4）．

［18］DTI. Energy white paper：our energy future – create a lowcarbon economy［R］．London：TSO，2003.

［19］潘家华，庄贵阳，郑艳，等．低碳经济的概念辨识及核心要素分析［J］．国际经济评论，2010（4）．

［20］庄贵阳．中国经济低碳发展的途径与潜力分析［J］．国际技术经济研究，2005（3）．

［21］付允．低碳经济的发展模式研究［J］．中国人口·资源与环境，2008（3）．

［22］陈燕．数据挖掘技术与应用［M］．北京：清华大学出版社，2011.

［23］姚争，冯长春，阙俊杰．基于生态足迹理论的低碳校园研究——以北京大学生态足迹为例［J］．资源科学，2011（6）．

［24］王甜甜．浅析低碳理念在校园设计中的应用与发展［J］．剑南文学·经典教苑，2011（3）．

［25］施建军．以绿色大学理念创建低碳校园［J］．中国高等教育，2010（2）．

［26］Johnston D，Lowe R，Bell M. An Exploration of the Technical Feasibility of Achieving COZ Emission Reductions in Excess of 60% Within the UK Housing Stock by the Year. Energy Policy 2005（33）：1643 – 1659.

［27］Stern N. The Economics of Climate Change：The Stern Review. Cambridge：Cambridge University Press，2006：335 – 402.

［28］Treffers D J，Faaij A P C，Spakman J，et al. Exploring the Possibilities for Setting up Sustainable Energy Systems for the Long Term：Two Visions for the Dutch Energy System in 2050. Energy Policy 2005（33）：1723 – 1743.

［29］Kawase R，Matsuoka Y，Fujino J. Decomposition Analysis of CO_2 Emission in Long – term Climate Stabilization Scenarios. Energy Policy，2006（34）：2113 – 2122.

［30］Koji Shimada，Yoshitaka Tanaka，Kei Gomi，et al. Developing a Long – term Local Society Design Methodology Towards a Low – carbon Economy：An Application to Shiga Prefecture in Japan. Energy Policy，2007.

［31］何建坤．关于中国妥善应对全球长期减排目标的思考［J］．绿叶，2008（8）．

［32］田庆立．日本建设低碳社会的举措及对中国的启示［J］．消费导刊，2009（1）．

［33］刘兰翠，范英，吴刚，等．温室气体减排政策问题研究综述田．管理评论，2005（10）．

［34］庄贵阳，张伟．中国城市化：走好基础设施建设低碳排放之路［J］．环境经济，2004（5）．

[35] 安培浚，高峰，侯春梅．美国气候变化技术计划（CCTP）新战略规划及其对我国的启示阴［J］．世界科技研究与发展，2006（6）．

[36] 付允，马永欢，刘怡君，等．低碳经济的发展模式研究［J］．中国人口·资源环境，2008（3）．

[37] 胡鞍钢．中国如何应对全球气候变暖的挑战［J］．国情报告，2007（29）．

[38] DTL Energy white paper：our energy future—create a low carbon energy［R］．London：TSO，2003．

[39] 谢军安，郝东恒，谢雯．我国发展低碳经济的思路与对策［J］．当代经济管理，2008（12）．

[40] 鲍健强，苗阳，陈锋．低碳经济：人类经济发展方式的新变革［J］．中国工业经济，2008（4）．

[41] 牛文元．低碳经济是落实科学发展观的重要突破口［N］．中国报道，2009 – 03 – 19．

[42] 潘家华，庄贵阳，朱守先，等．构建低碳经济的衡量指标体系［N］．浙江日报，2010 – 06 – 04（8）．

[43] 张坤民，潘家华，崔大鹏．低碳经济论［M］．北京：中国环境科学出版社，2008．

[44] 徐南，陆成林．低碳经济内涵特征及其宏观背景［J］．地方财政研究，2010（8）．

[45] 袁男优．低碳经济的概念内涵［J］．城市环境与城市生态，2010（1）．

[46] 董永春，刘进，丁建立，等．最优化技术与数学建模［M］．北京：清华大学出版社，2010．

[47] 胡大力，丁帅．低碳经济评价指标体系研究［J］．科技进步与对策，2010（11）．

附录1 《联合国气候变化框架公约》全文

　　本公约各缔约方，承认地球气候的变化及其不利影响是人类共同关心的问题，感到忧虑的是，人类活动已大幅增加大气中温室气体的浓度，这种增加增强了自然温室效应，平均而言将地球表面和大气进一步增温，并可能对自然生态系统和人类产生不利影响，注意到历史上和目前全球温室气体排放的最大部分源自发达国家，发展中国家的人均排放仍相对较低，发展中国家在全球排放中所占的分额将会增加，以满足其社会和发展需要；意识到陆地和海洋生态系统中温室气体汇和库的作用和重要性，注意到在气候变化的预测中，特别是在其时间、幅度和区域格局方面，有许多不确定性，承认气候变化的全球性要求所有国家根据其共同但有区别的责任和各自的能力及其社会和经济条件，尽可能开展最广泛的合作，并参与有效和适当的国际应对行动。回顾1972年6月16日于斯德哥尔摩通过的联合国《人类环境宣言》的有关规定，又回顾各国根据《联合国宪章》和国际法原则拥有主权权利，按自己的环境和发展政策开发自己的资源，也有责任确保在其管辖或控制范围内的活动不对其他国家的环境或国家管辖范围以外地区的环境造成损害。重申在应对气候变化的国际和约中的国家主权原则；认识到各国应当制定有效的立法，各种环境方面的标准、管理目标和优先顺序应当反映其所适用的环境和发展方面的情况；有些国家所实行的标准对其他国家特别是发展中国家可能是不恰当的，并可能会使之承担不应有的经济和社会代价。回顾联合国大会关于联合国环境与发展会议的1989年12月22日第44/228号决议的规定，以及关于为人类当代和后代保护全球气候的1988年12月6日第43/53号、1989年12月22日第44/207号、1990年12月21日第45/212号和1991年12月19日第46/169号决议；又回顾联合国大会关于海平面上升对岛屿和沿海地区特别是低洼沿海地区可能产生不利影响的1989年12月22日第44/206号决议各项规定，以及联合国大会关于防治沙漠化行动计划实施情况的1989年12月19日第44/172号决议的有关规定；并回顾1985年《保护臭氧层维也纳公约》和于 1990 年 6 月 29 日调整和修正的 1987 年《关于消耗臭氧层物质的蒙特利尔议定书》；注意到 1990 年 11 月 7 日通过的第二次世界气候大会部长宣言，意识到许多国家就气候变化所进行的有价值的分析工作，以及世界气象组织、联合国环境规划署和联合国系统的其他机关、组织和机构及其他国家和政府间机构对交换科学研究成果和协调研究工作所做的重要贡献；认识到了解和应对气候变化所需的步骤只有基于有关的科学、技术和经济方面的考虑，并根据这些领域的新发现不断加以重新评价，才能在环境、社会和经济方面最为有效；认识到应对气候变化的各种行动本身在经济上就能够是合理的，而且还能有助于解决其他环境问题；又认识到发达国家有必要根据明确的优先顺序，立即灵活地采取行动，以作为形成考虑到所有温室气体并适当考虑它们对增强温室效应的相对作用的全球、国家和可能议定的区域性综合应对战略的第一步；并认识到地势低洼国家和其他小岛屿国家，拥有低洼沿海地区、干旱和半干旱地区或易受水灾、旱灾和沙漠化影响地区的国家，以及具有脆弱的山区生态系统的发展中国家特别容易受到气候变化的不利影响；认识到其经济特别依赖矿物燃料的生产、使用和出口的国家，特别是发展中国家由于为了限制温室气体排放而采取的行动所面临的特殊困难，申明应当以统筹兼顾的方式把应对气候变化的行动与社会和经济发展协调起来，以免后者受到不利影响，同时充分考虑到发展中国家实现持续经济增长和消除贫困的正当的优先需要；认识到所有国家特别是发展中国家需要得到实现可持续的社会和经济发展所需的资源，发展中国家为了迈向这一目标，其能源消耗将需要增加，虽然考虑到有可能包括通过在具有经济和社会效益的条件下应用新技术来提高能源效率和一般地控制温室气候排放，决心为当代和后代保护气候系统，兹协议如下。

第 1 条　定　义

为本公约的目的：

1. "气候变化的不利影响"指气候变化所造成的自然环境或生物区系的变化，这些变化对自然和管理下的生态系统的组成、复原力或生产力，或对社会经济系统的运作，或对人类的健康和福利产生重大的有害影响。

2. "气候变化"指除在类似时期内所观测的气候的自然变异之外，由于直接或间接的人类活动改变了地球大气的组成而造成的气候变化。

3. "气候系统"指大气圈、水圈、生物圈和地圈的整体及其相互作用。

4. "排放"指温室气体和/或其前体在一个特定地区和时期内向大气的释放。

5. "温室气体"指大气中那些吸收和重新放出红外辐射的自然的和人为的气态成分。

6. "区域经济一体化组织"指一个特定区域的主权国家组成的组织，有权处理本公约或其议定书所规定的事项，并经按其内部程序获得正式授权签署、批准、接受、核准或加入有关文书。

7. "库"指气候系统内存储温室气体或其前体的一个或多个组成部分。

8. "汇"指从大气中清除温室气体、气溶胶或温室气体前体的任何过程、活动或机制。

9. "源"指向大气排放温室气体、气溶胶或温室气体前体的任何过程或活动。

第 2 条　目　标

本公约以及缔约方会议可能通过的任何相关法律文书的最终目标是：根据本公约的各项有关规定，将大气中温室气体的浓度稳定在防止气候系统受到危险的人为干扰的水平上。这一水平应当在足以使生态能够自然地适应气候变化、确保粮食生产免受威胁并使经济发展能够可持续地进行的时间范围内实现。

第 3 条　原　则

各缔约方在为实现本公约的目标和履行其各项规定而采取行动时，除其他外，应以下列作为指导：

1. 各缔约方应当在公平的基础上，并根据他们共同但有区别的责任和各自的能力，为人类当代和后代的利益保护气候系统。因此，发达国家缔约方应当率先应对气候变化及其不利影响。

2. 应当充分考虑到发展中国家缔约方尤其是特别易受气候变化不利影响的那些发展中国家缔约方的具体需要和特殊情况，也应当充分考虑到那些按本公约必须承担不成比例或不正常负担的缔约方特别是发展中国家缔约方的具体需要和特殊情况。

3. 各缔约方应当采取预防措施，预测、防止或尽量减少引起气候变化的原因，并缓解其不利影响。当存在造成严重或不可逆转的损害的威胁时，不应当以科学上没有完全的确定性为理由推迟采取这类措施，同时考虑到应对气候变化的政策和措施应当讲求成本效益，确保以尽可能最低的费用获得全球效益。为此，这种政策和措施应当考虑到不同的社会经济情况，并且应当具有全面性，包括所有有关的温室气体源、汇和库及适应措施，并涵盖所有经济部门。应对气候变化的努力可由有关的缔约方合作进行。

4. 各缔约方有权并且应当促进可持续的发展。保护气候系统免遭人为变化的政策和措施应当适合每个缔约方的具体情况，并应当结合到国家的发展计划中去，同时考虑到经济发展对于采取措施应对气候变化是至关重要的。

5. 各缔约方应当合作促进有利的和开放的国际经济，这种体系将促成所有缔约方特别是发展中国家缔约方的可持续经济增长和发展，从而使其有能力更好地应对气候变化的问题。为应对气候变化而采取的措施，包括单方面措施，不应当成为国际贸易上的任意或无理的歧视手段或者隐蔽的限制。

第4条　承　诺

1. 所有缔约方，考虑到他们共同但有区别的责任，以及各自具体的国家和区域发展优先顺序、目标和情况，应：

（a）用待由缔约方会议议定的可比方法编制、定期更新、公布按照第12条向缔约方会议提供关于《蒙特利尔议定书》未予管制的所有温室气体的各种源的人为排放和各种汇的清除的国家清单；（b）制定、执行、公布和经济地更新国家的以及在适当情况下区域的计划，其中包含从《蒙特利尔议定书》未予管制的所有温室气候的源的人为排放和汇的清除来着手减缓气候变化的措施，以及便利充分地适应气候变化的措施；（c）在所有有关部门，包括能源、运输、工业、农业、林业和废物管理部门，促进和合作发展、应用和传播（包括转让）各种用来控制、减少或防止《蒙特利尔议定书》未予管制的温室气体的人为排放的技术、做法和过程；（d）促进可持续的管理，并促进和合作酌情维护和加强《蒙特利尔议定书》未予管制的所有温室气体的汇和库，包括生物质、森林和海洋，以及其他陆地、沿海和海洋生态系统；（e）合作为适应气候变化的影响做好的准备；拟订和详细制定关于沿海地区的管理、水资源和农业，以及关于受到旱灾和沙漠化及洪水影响的地区，特别是非洲的这种地区的保护和恢复的适当的综合性计划；（f）在他们有关的社会、经济和环境政策及行动中，在可行的范围内将气候变化考虑进去，并采用由本国拟订和确定的适当办法，例如影响评估，以期尽量减少他们为了减缓或适应气候变化而进行的项目或采取的措施对经济、公共健康和环境质量产生的不利影响；（g）促进和合作进行关于气候系统的科学、技术、工艺、社会经济和其他研究、系统观测及开发数据档案，目的是增进对气候变化的起因、影响、规模和发生时间以及各种应对战略所带来的经济和社会后果的认识，和减少或消除在这些方面尚存的不确定性；（h）促进和合作进行关于气候系统和气候变化以及关于各种应对战略所带来的经济和社会后果的科学、技术、工艺、社会经济和法律方面的有关信息的充分、公开和迅速的交流；

（i）促进和合作进行与气候变化有关的教育、培训和提高公众意识的工作，并鼓励人们对这个过程的最广泛参与，包括鼓励各种非政府组织的参与；（j）依照第12条向缔约方会议提供有关履行的信息。

2. 附件1所列的发达国家缔约方和其他缔约方具体承诺如下所规定：

（a）每一个此类缔约方应制定国家政策和采取相应的措施，通过限制其人为的温室气体排放以及保护和增强其温室气体库和汇，减缓气候变化。这些政策和措施将表明，发达国家是在带头依循本公约的目标，改变人为排放的长期趋势，同时认识到至本10年末使二氧化碳和《蒙特利尔议定书》未予管制的其他温室气体的人为排放回复到较早的水平将会有助于这种改变，并考虑到这些缔约方的起点和做法、经济结构和资源基础方面的差别、维持强有力和可持续经济增长的需要、可以采用的技术以及其他个别情况，又考虑到每个此类缔约方都有必要对为了实现该目标而做的全球努力做出公平和适当的贡献，这些缔约方可与其他缔约方共同执行这些政策和措施，也可以协助其他缔约方为实现本公约的目标特别是本项的目标做出贡献。（b）为了推动朝这一目标取得进展，每一个此类缔约方应依照第12条，在本公约对其生效后6个月内，并在其后定期地就其上述（a）项所述的政策和措施，以及就其由此预测在（a）项所述期间内《蒙特利尔议定书》未予管制的温室气体的源的人为排放和汇的清除，提供详细信息，目的在个别地或共同地使二氧化碳和《蒙特利尔议定书》未予管制的其他温室气体的人为排放回复到1990年的水平。按照第7条，这些信息将由缔约方会议在其第1届会议上以及在其后定期地加以审评。（c）为了上述（b）项的目的而计算各种温室气体源的排放和汇的清除时，应该参考可以得到的最佳科学知识，包括关于各种汇的有效容量和每一种温室气体在引起气候变化方面的作用和知识。缔约方会议应在其第1届会议上考虑和议定进行这些计算的方法，并在其后经常地加以审评。（d）缔约方会议应在其第1届会议上审评上述（a）项和（b）是否充足。进行审评时，应参照可以得到的关于气候变化及其影响的最佳科学信息和评估，以及有关的工艺、社会和经济信息。在审评的基础上，缔约方会议应采取适当的行动，其中可以包括通过对上述（a）项和（b）项承诺的修正。缔约方会议第1届会议还应就上述（a）项所述共同执行的标准做出决定。对（a）项和（b）项的第2次审评应不迟于1998年12月31日进行，其后按由缔约方会议确定的定期间隔进行，直至本公约的目标达到为止。（e）每一个此类缔约方应：（1）酌情同其他此类缔约方协调为了实现本公约的目标而开发的有关经济和行政手段；和（2）确定并定期审评其本身有哪些政策和做法鼓励了导致《蒙特利议定书》未予管制的温室气体的人为排放水平因而更高的活动。(f) 缔约方会议应至迟在 1998 年 12 月 31 日之前审评可以得到的信息，以便经有关缔约方同意，做出适当修正附件 1 和 2 内名单的决定。(g) 不在附件 1 之列的任何缔约方，可以在其批准、接受、核准或加入的文书中，或在其后任何时间，通知保存人其有意接受上述（a）项和（b）项的约束。保存人应将任何此类通知通报签署方和缔约方。

3. 附件 2 所列的发达国家缔约方和其他发达缔约方应提供新的和额外的资金，以支付经议定的发展中国家缔约方为履行第 12 条第 1 款规定的义务而招致的全部费用。他们还应提供发展中国家缔约方所需要的资金，包括用于技术转让的资金，以支付经议定的为执行本条第 1 款所述并经发展中国家缔约方同第 11 条所述那个或那些国际实体依该条议定的措施的全部增加费用。这些承诺的履行应考虑到资金流量应充足和可以预测的必要性，以及发达国家缔约方间适当分摊负担的重要性。

4. 附件 2 所列的发达国家缔约方和其他发达缔约方还应帮助特别易受气候变化不利影响的发展中国家缔约方支付适应这些不利影响的费用。

5. 附件 2 所列的发达国家缔约方和其他发达缔约方应采取一切实际可行的步骤，酌情促进、便利和资助向其他缔约方特别是发展中国家缔约方转让或使他们有机会得到无害环境的技术和专有技术，以使他们能够履行本公约的各项规定。在此过程中，发达国家缔约方应支持开发和增强发展中国家缔约方的自生能力和技术。有能力这样做的其他缔约方和组织也可协助便利这类技术的转让。

6. 对于附件 1 所列正在朝市场经济过渡的缔约方，在履行其在上述第 2 款下的承诺时，包括在《蒙特利尔议定书》未予管制的温室气体人为排放的可资参照的历史水平方面，应由缔约方会议允许其有一定程度的灵活性，以增强这些缔约方应对气候变化的能力。

7. 发展中国家缔约方能在多大程度上有效履行其在本公约下的承诺，将取决于发达国家缔约方对其在本公约下所有有关资金和技术转让的承诺的有效履行，并将充分考虑经济和社会发展及消除贫困是发展中国家缔约方的首要和压倒一切的优先事项。

8. 在履行本条各项承诺时，各缔约方应充分考虑按照本公约需要采取哪些行动，包括与提供资金、保险和技术转让有关的行动，以满足发展中国家缔约方由于气候变化的不利影响和/或执行应对措施所造成的影响，特别是对下列各类国家的影响而产生的具体需要和关注：

（a）小岛屿国家；（b）有低洼沿海地区的国家；（c）有干旱和半干旱地区、森林地区和容易发生森林退化的地区的国家；（d）有易遭自然灾害地区的国家；（e）有容易发生旱灾和沙漠化的地区的国家；（f）有城市大气严重污染的地区的国家；（g）有脆弱生态系统包括山区生态系统的国家；（h）其经济高度依赖矿物燃料和相关的能源密集产品的生产、加工和出口所带来的投入，和/或高度依赖这种燃料和产品的消费的国家；和（i）内陆国和过境国。此外，缔约方会议可酌情就本款采取行动。

9. 各缔约方在采取有关提供资金和技术转让的行动时，应充分考虑到最不发达国家的具体需要和特殊情况。

10. 各缔约方应按照第 10 条，在履行本公约各项承诺时，考虑到其经济容易受到执行应对气候变化的措施所造成的不利影响之害的缔约方，特别是发展中国家缔约方的情况。这尤其适用于其经济高度依赖矿物燃料和相关的能源密集产品的生产、加工和出口所带来的收入，和/或高度依赖这种燃料和产品的消费，和/或高度依赖矿物燃料的使用，而改用其他燃料又非常困难的那些缔约方。

第 5 条　研究和系统观测

在履行第 4 条第 1 款（g）项下的承诺时，各缔约方应：

（a）支持并酌情进一步制定旨在确定、进行、评估和资助研究、数据收集和系统观测的国际和政府间计划和站网或组织，同时考虑到有必要尽量减少工作重复；（b）支持旨在加强尤其是发展中国家的系统观测及国家科学和技术研究能力的国际和政府间努力，并促进获取和交换从国家管辖范围以外地区取得的数据及其分析；和（c）考虑发展中国家的特殊关注和需要，并开展合作以提高他们参与上述（a）项和（b）项中所述努力的自生能力。

第 6 条　教育、培训和公众意识

在履行第 4 条第 1 款（i）项下的承诺时，各缔约方应：

（a）在国家一级并酌情在次区域和区域一级，根据国家法律和规定，并在各自的能力范围内，促进和便利：（1）拟订和实施有关气候变化及其影响的教育及提高公众意识的计划；（2）公众获取有关气候变化及其影响的信息；（3）公众参与应对气候变化及其影响和拟订适当的对策；和（4）培训科学、技术和管理人员。（b）在国际一级，酌情利用现有的机构，在下列领域进行合作并促进；（1）编写和交换有关气候变化及其影响的教育及提高公众意识的材料；和（2）拟订和实施教育和培训计划，包括加强国内机构和交流或借调人员来特别是为发展中国家培训这方面的专家。

第 7 条　缔约方会议

1. 兹设立缔约方会议。

2. 缔约方会议作为本公约的最高机构，应定期审评本公约和缔约方会议可能通过的任何相关法律文书的履行情况，并应在其职权范围内做出为促进本公约的有效履行所必要的决定。为此目的，缔约方会议应：

（a）根据本公约的目标，在履行本公约过程中取得的经验和科学与技术知识的发展，定期审评本公约规定的缔约方义务和机构安排；

（b）促进和便利就各缔约方为应对气候变化及其影响而采取的措施进行信息交流，同时考虑到各缔约方不同的情况、责任和能力以及各自在本公约下的承诺；

（c）应两个或更多的缔约方的要求，便利将这些缔约方为应对气候变化及其影响而采取的措施加以协调，同时考虑到各缔约方不同的情况、责任和能力以及各自在本公约下的承诺；

（d）依照本公约的目标和规定，促进和指导发展和定期改进由缔约方会议议定的，除其他外，用来编制各种温室气体源的排放和各种汇的清除的清单，和评估为限制这些气体的排放及增进其清除而采取的各种措施的有效性的可比方法；

（e）根据依本公约规定所获得的所有信息，评估各缔约方履行公约的情况和依照公约所采取措施的总体影响，特别是环境、经济和社会影响及其累计影响，以及当前在实现本公约的目标方面取得的进展；

（f）审议并通过关于本公约履行情况的定期报告，并确保予以发表；

（g）就任何事项做出为履行本公约所必需的建议；

（h）按照第 4 条第 3 款、第 4 款和第 5 款及第 11 条，设法动员资金；

（i）设立其认为履行公约所必需的附属机构；

（j）审评其附属机构提出的报告，并向他们提供指导；

（k）以协商一致方式议定并通过缔约方会议和任何附属机构的议事规则和财务规则；

（l）酌情寻求和利用各主管国际组织和政府间及非政府机构提供的服务、合作和信息；

（m）行使实现本公约目标所需的其他职能以及依本公约所赋予的所有其他职能。

3. 缔约方会议应在其第 1 届会议上通过其本身的议事规则以及本公约所设立的附属机构的议事规则，其中应包括关于本公约所述各种决策程序未予规定的事项的决策程序。这类程序可包括通过具体决定所需的特定多数。

4. 缔约方会议第 1 届会议应由第 21 条所述的临时秘书处召集，并应不迟于本公约生效日期后 1 年举行。其后，除缔约方会议另有决定外，缔约方会议的常会应年年举行。

5. 缔约方会议特别会议应在缔约方会议认为必要的其他时间举行，或应任何缔约方的书面要求而举行，但须在秘书处将该要求转达给各缔约方后 6 个月内得到至少 1/3 缔约方的支持。

6. 联合国及其专门机构和国际原子能机构，以及他们的非本公约缔约方的会员国或观察员国，均可作为观察员出席缔约方会议的各届会议。任何在本公约所涉事项上具备资格的团体或机构，不管其为国家或国际的、政府或非政府的，经通知秘书处其愿意作为观察员出席缔约方会议的某届会议，均可以予以接纳，除非出席缔约方至少 1/3 反对。观察员的接纳和参加应遵循缔约方会议通过的议事规则。

第 8 条　秘书处

1. 兹设立秘书处。

2. 秘书处的职能应为：（a）安排缔约方会议及依本公约设立的附属机构的各届会议，并向他们提供所需的服务；（b）汇编和传递向其提交的报告；（c）便利应要求时协助各缔约方特别是发展中国家缔约方汇编和转递依本公约规定所需的信息；（d）编制关于其活动的报告，并提交给缔约方会议；（e）确保与其他有关国际机构的秘书处的秘要协调；（f）在缔约方会议的全面指导下订立为有效履行其职能而可能的行政和合同安排；（g）行使本公约及其任何议定书所规定的其他秘书处职能和缔约方会议可能决定的其他职能。

3. 缔约方会议应在其第 1 届会议上指定一个常设秘书处，并为其行使职能做出安排。

第 9 条　附属科技咨询机构

1. 兹设立附属科学和技术咨询机构，就与公约有关的科学和技术事项，向缔约方会议并酌情向缔约方会议的其他附属机构及时提供信息咨询。该机构应开放供所有缔约方参加，并应具有多学科性。该机构应由在有关专门领域胜任的政府代表组成。该机构应定期就其工作的一切方面向缔约方会议报告。

2. 在缔约方会议指导下和依靠现有主管国际机构，该机构应：（a）就有关气候变化及其影响的最新科学知识提出评估；（b）就履行公约所采取措施的影响进行科学评估；（c）确定创新的、有效率的和最新的技术与专有技术，并就促进这类技术的发展和/或转让的途径与方法提供咨询；（d）就有关气候变化的科学计划和研究与发展的国际使用，以及就支持发展中国家建立自生能力的途径与方法提供咨询；（e）答复缔约方会议及其附属机构可能向其提出的科学、技术和方法问题。

3. 该机构的职能和职权范围可由缔约方会议进一步制定。

第 10 条　附属履行机构

1. 兹设立附属履行机构，以协助缔约方会议评估和审评本公约的有效履行。该机构应开放供所有缔约方参加，并由为气候变化问题专家的政府代表组成。该机构应定期就其工作的一切方面向缔约方会议报告。

2. 在缔约方会议的指导下，该机构应：（a）考虑依第 12 条第 1 款提供的信息，参照有关气候变化的最新科学评估，对各缔约方所采取步骤的总体总计影响做出评估；（b）考虑依第 12 条第 2 款提供的信息，以协助缔约方会议进行第 4 条第 2 款（d）项所要求的审评；（c）酌情协助缔约方会议拟订和执行其决定。

第 11 条　资金机制

1. 兹确定一个在赠予或转让基础上提供资金，包括用于技术转让的资金的机制。该机制应在缔约方会议的指导下行使职能并向其负责，并应由缔约方会议决定该机制与本公约有关的政策、计划优先顺序和资格标准。该机制的经营应委托一个或多个现有的国际实体负责。

2. 该资金机制应在一个透明的管理制度下公平和均衡地代表所有缔约方。

3. 缔约方会议和受托管资金机制的那个或那些实体应议定实施上述各款的安排，其中应包括：（a）确保所资助的应对气候变化的项目符合缔约方会议所制定的政策、计划优先顺序和资格标准的办法；（b）根据这些政策、计划优先顺序和资格标准重新考虑某项供资决定的办法；（c）依循上述第 1 款所述的负责要求，由那个或那些实体定期向缔约方会议提供关于其供资业务的报告；（d）以可预测和可认定的方式确定履行本公约所必需的和可以得到的资金数额，以及定期审评此一数额所应依据的条件。

4. 缔约方会议应在其第 1 届会议上做出履行上述规定的安排，同时审评并考虑到第 21 条第 3 款所述的临时安排，并应决定这些临时安排是否应予维持。在其后 4 年内，缔约方会议应对资金机制进行审评，并采取适当的措施。

5. 发达国家缔约方还可通过双边、区域性和其他多边渠道提供并由发展中国家缔约方获取与履行本公约有关的资金。

第 12 条　提供有关履行的信息

1. 按照第 4 条第 1 款，每一缔约方应通过秘书处向缔约方会议提供含有下列内容的信息：（a）在其能力允许的范围内，用缔约方会议所将推行和议定的可比方法编成的关于《蒙特利尔议定书》未予管制的所有温室气体的各种源的人为排放和各种汇的清除国家清单；（b）关于该缔约方为履行公约而采取或设想的步骤的一般性描述；（c）该缔约方认为与实现本公约的目标有关并且适合列入其所提供信息的任何其他信息，在可行情况下，包括与计算全球排放趋势有关的资料。

2. 附件 1 所列每一发达国家缔约方和每一其他缔约方应在其所提供的信息中列入下列各类信息：（a）关于该缔约方为履行其第 4 条第 2 款（a）项和（b）项下承诺所采取政策和措施的详细描述；（b）关于本款（a）项所述政策和措施在第 4 条第 2 款（a）项所述期间对温室气体各种源的排放和各种汇的清除所产生影响的具体估计。

3. 此外，附件 2 所列每一发达国家缔约方和每一其他发达国家缔约方应列入按照第 4 条第 3 款、第 4 款和第 5 款所采取措施的详情。

4. 发展中国家缔约方可在自愿基础上提出需要资助的项目，包括为执行这些项目所需要的具体技术、材料、设备、工艺或做法，在可能情况下并附上对所有增加的费用、温室气体排放的减少量及其清除的增加量的估计，以及对其所带来效益的估计。

5. 附件 1 所列每一发达国家缔约方和每一其他国家缔约方应在公约对该缔约方生效后 6 个月内第 1 次提供信息。未列入该附件的每一缔约方应在公约对该缔约方生效后或按照第 4 条第 3 款获得资金后 3 年内第 1 次提供信息。最不发达国家缔约方可自行决定何时第一次提供信息。其后所有缔约方提供信息的频度应由缔约方会议考虑到本款所规定的差别时间表予以确定。

6. 各缔约方按照本条提供的信息应由秘书处尽速转缔约方会议和任何有关的附属机构。如有必要，提供信息的程序可由缔约方会议进一步考虑。

7. 缔约方会议从第 1 届会议起，应安排向有些要求的发展中国家缔约方提供技术和资金需要。这些支持可酌情由其他缔约方、主管国际组织和秘书处提供。

8. 任何一组缔约方遵照缔约方会议制定的指导方针并经事先通知缔约方会议，可以联合提供信息来履行其在本条下的义务，但这样提供的信息须包括关于其中每一缔约方履行其在本公约下的各自义务的信息。

9. 秘书处收到的经缔约方按照缔约方会议制定的标准指明为机密的信息，在提供给任何参与信息的提供和审评的机构之前，应由秘书处加以汇总，以保护其机密性。

10. 在不违反上述第 9 款，并且不妨碍任何缔约方在任何时候所提供信息的能力的情况下，秘书处应将缔约方按照本条提供的信息在其提交给缔约方会议的同时予以公开。

第 13 条　解决与履行有关的问题

缔约方会议应在其第 1 届会议上考虑设立一个解决与公约履行有关的问题的多边协商程序，供缔约方有此要求时予以利用。

第 14 条　争端的解决

1. 任何 2 个或 2 个以上缔约方之间就本公约的解释或适用发生争端时，有关的缔约方应寻求通过谈判或他们自己选择的任何其他和平方式解决该争端。

2. 非为区域经济一体化组织的缔约方在批准、接受、核准或加入本公约时，或在其后任何时候，可以在交给保存人的一份文书中声明，关于本公约的解释或适用方面的任何争端，承认对于接受同样义务的任何缔约方，下列义务为当然而具有强制性的，无须另订特别协议：（a）将争端提交国际法院，和/或（b）按照将由缔约方会议尽早通过的、载于仲裁附件中的程序进行仲裁。作为区域经济一体化组织的缔约方可就依上述（b）项中所述程序进行仲裁发表类似声明。

3. 根据上述第 2 款所做的声明，在其所载有效期期满前，或在书面撤回通知交存于保存人后的 3 个月内，应一直有效。

4. 除非争端各当事方另有协议，新做声明、做出撤回通知或声明有效期满丝毫不得影响国际法院或仲裁庭正在进行的审理。

5. 在不影响上述第 2 款运作的情况下，如果一缔约方通知另一缔约方他们之间存在争端，过了 12 个月后，有关的缔约方尚未能通过上述第 1 款所述方法解决争端，经争端的任何当事方要求，应将争端提交调解。

6. 经争端一当事方要求，应设立调解委员会。调解委员会应由每一当事方委派的数目相同的成员组成，主席由每一当事方委派的成员共同推选。调解委员会应做出建议性裁决。各当事方应善意考虑之。

7. 有关调解的补充程序应由缔约方会议尽早以调解附件的形式予以通过。

8. 本条各项规定应适用于缔约方会议可能通过的任何相关法律文书，除非该文另有规定。

第 15 条　公约的修正

1. 任何缔约方均可对本公约提出修正。

2. 对本公约的修正应在缔约方会议的第 1 届常会上通过。对本公约提出的任何修正案文应由秘书处在拟议通过该修正的会议之前至少 6 个月送交各缔约方。秘书处还应将提出的修正送交本公约各签署方，并送交保存人以供参考。

3. 各缔约方应尽一切努力，以协商一致方式，就对本公约提出的任何修正案达成协议。如为谋求协商一致已尽了一切努力，但仍未达成协议，作为最后的方式，该修正案应以出席会议并参加表决的缔约方 3/4 多数票通过。通过的修正案应由秘书处送交保存人，再由保存人转送所有缔约方供其接受。

4. 对修正案的接受文书应交存于保存人。按照上述第 3 款通过的修正案，应于保存人收到本公约至少 3/4 缔约方的接受文书之日后第 90 天起对接受该修正案的缔约方生效。

5. 对于任何其他缔约方，修正案应在该缔约方向保存人交存接受该修正的文书之日后第 90 天起对其生效。

6. 为本条的目的，"出席并参加表决的缔约方"是指出席并投赞成票或反对票的缔约方。

第 16 条　公约附件的通过和修正

1. 本公约的附件应构成本公约的组成部分，除另有明文规定外，凡提到本公约时即同时提到其任何附件。在不妨害第 14 条第 2 款（b）项和第 7 款规定的情况下，这些附件应限于清单、表格和任何其他属于科学、技术、程序或行政性质的说明性资料。

2. 本公约的附件应按照第 15 条第 2 款、第 3 款和第 4 款中规定的程序提出和通过。

3. 按照上述第 2 款通过的附件，应于保存人向公约的所有缔约方发出关于通过该附件的通知之日起 6 个月后对所有缔约方生效，但在此期间以书面形式通知保存人不接受该附件的缔约方除外。对于撤回其不接受的通知的缔约方，该附件应自保存人收到撤回通知之日后第 90 天起对其生效。

4. 对公约附件的修正的提出、通过和生效，应依照上述第 2 款和第 3 款对公约附件的提出、通过和生效规定的同一程序进行。

5. 如果附件或对附件的修正的通过涉及对本公约的修正，则该附件或对附件的修正应待对公约的修正生效之后方可生效。

第 17 条　议定书

1. 缔约方会议可在任何一届常会上通过本公约的议定书。

2. 任何拟议的议定书案文应由秘书处在举行该届会议至少 6 个月之前送交各缔约方。

3. 任何议定书的生效条件应由该书加以规定。

4. 只有本公约的缔约方才可成为议定书的缔约方。

5. 任何议定书下的决定只应由该议定书的缔约方做出。

第 18 条　表决权

1. 除下述第 2 款所规定外，本公约每一缔约方应有 1 票表决权。

2. 区域经济一体化组织在其权限内的事项上应行使票数与其作为本公约缔约方的成员国数目相同的表决权。如果一个此类组织的任一成员国行使自己的表决权，则该组织不得行使表决权，反之亦然。

第 19 条　保存人

联合国秘书长应为本公约及按照第 17 条通过的议定书的保存人。

第 20 条　签　署

本公约应于联合国环境与发展会议期间在里约热内卢，其后自 1992 年 6 月 20 日至 1993 年 6 月 19 日在纽约联合国总部，开放供联合国会员国或任何联合国专门机构的成员国或《国际法院规约》的当事国和各区域经济一体化组织签署。

第 21 条　临时安排

1. 在缔约方会议第 1 届会议结束前，第 8 条所述的秘书处职能将在临时基础上由联合国大会 1990 年 12 月 21 日第 45/212 号决议所设立的秘书处行使。

2. 上述第 1 款所述的临时秘书处首长将与政府间气候变化专门委员会密切合作，以确保该委员会能够对提供客观科学和技术咨询的要求做出反应；也可以咨询其他有关的科学机构。

3. 在临时基础上，联合国开发计划署、联合国环境规划署和国际复兴开发银行的"全球环境融资"应为受托经营第 11 条所述资金机制的国际实体。在这方面，"全球环境融资"应予适当改革，并使其成员具有普遍性，以使其能满足第 11 条的要求。

第 22 条　批准、接受、核准或加入

1. 本公约须经各国和各区域经济一体化组织批准、接受、核准或加入。公约自鉴署截止日之次日起开放供加入。批准、接受、核准或加入的文书应交存于保存人。

2. 任何成为本公约缔约方而其成员国均非缔约方的区域经济一体化组织应受本公约一切义务的约束。如果此类组织的一个或多个成员国为本公约的缔约方，该组织及其成员国无权同时行使本公约规定的权利。

3. 区域经济一体化组织应在其批准、接受、核准或加入的文书中声明其在本公约所规定事项上的权限。此类组织还应将其权限范围的任何重大变更通知保存人，再由保存人通知各缔约方。

第 23 条 生 效

1. 本公约应自第 50 份批准、接受、核准或加入的文书交存之日后第 90 天起生效。

2. 对于在第 50 份批准、接受、核准或加入的文书交存之后批准、接受、核准或加入本公约的每一国家或区域经济一体化组织，自交存其批准、接受、核准或加入的文书之日后第 90 天起生效。

3. 为上述第 1 款和第 2 款的目的，区域经济一体化组织所交存的任何文书不应被视为该组织成员国所交存文书之外的额外文书。

第 24 条 保 留

对本公约不得做任何保留。

第 25 条 退 约

1. 自本公约对一缔约方生效之日起 3 年后，该缔约方可随时向保存人发出书面通知退出本公约。

2. 任何退出应自保存人收到退出通知之日起 1 年期满时生效，或在退出通知中所述明的更后日期生效。

3. 退出本公约的任何缔约方，应被视为亦退出其作为缔约方的任何议定书。

第 26 条 作准文本

本公约正文应交存于联合国秘书长，其阿拉伯文、中文、英文、法文、俄文和西班牙文文本同为作准。

下列签署人，经正式授权，在本公约上签字，以昭信守。

公元 1992 年 5 月 9 日订于纽约。

附件 1

澳大利亚、日本、奥地利、拉脱维亚*、白俄罗斯*、立陶宛*、比利时、卢森堡、保加利亚*、荷兰、加拿大、新西兰、捷克斯洛伐克*、挪威、丹麦、波兰*、欧洲共同体、葡萄牙、爱沙尼亚*、罗马尼亚*、芬兰、俄罗斯联邦[*]、法国、西班牙、德国、瑞典、希腊、瑞士、匈牙利❶、土耳其、冰岛、乌克兰[*]、爱尔兰、大不列颠及北爱尔兰联合王国。

意大利、美利坚合众国。

附件 2

澳大利亚、比利时、丹麦、芬兰、德国、冰岛、意大利、卢森堡、新西兰、葡萄牙、瑞典、土耳其、美利坚合众国、奥地利、加拿大。

欧洲共同体。

法国、希腊、爱尔兰、日本、荷兰、挪威、西班牙、瑞士、大不列颠及北爱尔兰联合王国、美利坚合众国。

---

❶ 表示正在朝市场经济过渡的国家。

附录2 《京都议定书》全文

联合国气候变化框架公约第 3 次缔约国会议于 1997 年 12 月 10 日在京都通过。

中国常驻联合国代表秦华孙代表中国政府，于 1998 年 5 月 29 日在联合国秘书处签署了该议定书。

本议定书缔约方，作为《联合国气候变化框架公约》（以下简称《公约》）缔约方，根据《公约》第 2 条所申明的最终目标，忆及《公约》的规定，在《公约》第 3 条的指导下，按照《公约》缔约方会议第 1 届会议在第 l/CP.1 号决定中通过的"柏林授权"，兹协议如下。

第一条

为本议定书之目的，应适用《公约》第 1 条中所载定义。此外：

1. "缔约方会议"指《公约》缔约方会议。

2. 《公约》指 1992 年 5 月 9 日在纽约通过的《联合国气候变化框架公约》。

3. "政府间气候变化专门委员会"指世界气象组织和联合国环境规划署 1988 年联合设立的政府间气候变化专门委员会。

4. "蒙特利尔议定书"指 1987 年 9 月 16 日在蒙特利尔通过的、后来经调整和修订的《关于消耗臭氧层物质的蒙特利尔议定书》。

5. "出席并参加表决的缔约方"指出席会议并投票赞成或反对的缔约方。

6. "缔约方"指本议定书缔约方，除非案文中另有说明。

7. "附件 1 所列缔约方"指《公约》附件 1 所列缔约方。其中所列缔约方可由《公约》缔约方会议随后做出修正，或指根据《公约》第 4 条第 2 款（g）项做出通知的缔约方。

第二条

1. 附件 1 所列每一缔约方，为履行第 3 条中关于排放量限制和削减指标的承诺以促进可持续发展，均应：

（a）根据本国情况执行和/或进一步精心制定政策和措施，诸如：

（1）增强国家经济有关部门的能源效率。

（2）保护和增强《蒙特利尔议定书》未予管制的温室气体的汇和库；同时考虑到其依有关的国际环境协议做出的承诺，促进可持续森林管理做法、造林和重新造林。

（3）在考虑到气候变化的情况下促进可持续农业形式。

（4）促进、研究、发展和增加使用可再生能源、二氧化碳螯合技术和对环境无害的先进新技术。

（5）逐渐减少或逐步消除市场缺点、对违反《公约》目标和采用市场手段的所有温室气体排放部门的财政鼓励、免税措施和补贴。

（6）鼓励在有关部门做出适当改革，旨在促进用以限制或削减《蒙特利尔议定书》未予管制的温室气体的排放的政策和做法。

（7）采取措施在运输部门限制和/或削减《蒙特利尔议定书》未予管制的温室气体排放。

（8）在废物管理部门以及在能源的生产、运输和销售方面藉回收和使用以减少甲烷的排放。

（b）根据《公约》第4条第2款（e）项第（1）目，同其他这类缔约方合作增强他们依本条通过的政策和措施的个别和合并成效。为此目的，这些缔约方应采取步骤分享他们关于这些政策和措施的经验并交流信息，包括设法改进这些政策和措施的可比性、透明度和成效。作为本议定书缔约方会议的《公约》缔约方会议，应在第1届会议上或在此后一旦实际可行时审议便利这种合作的方法，同时考虑到所有相关情况。

2. 附件1所列缔约方应分别同国际民用航空组织和国际海事组织一起谋求限制或削减飞机和船舶用燃油产生的《蒙特利尔议定书》未予管制的温室气体的排放。

3. 附件1所列缔约方应依本条努力执行政策和措施，尽量减少各种不利影响，包括对气候变化的不利影响，对国际贸易的影响，以及对其他缔约方尤其是发展中国家缔约方和《公约》第4条第8款和第9款中所指明的那些缔约方的社会、环境和经济的影响，同时考虑到《公约》第3条。作为本议定书缔约方会议的《公约》缔约方会议，可以酌情采取进一步行动促进本款规定的实施。

4. 作为本议定书缔约方会议的《公约》缔约方会议，如决定就上述第1

款（a）项中所指任何政策和措施进行协调是有益助的，同时考虑到国家情况和潜在作用不一，则应考虑设法推动对这些政策和措施的协调。

第三条

1. 附件 1 所列缔约方应个别地或共同地确保附件 A 所列温室气体的其人为二氧化碳当量排放总量不超过按照附件 B 中所记其排放量限制和削减承诺和根据本条的规定所计算的其分配数量，以期这类气体的其全部排放量在 2008 年至 2012 年承诺期间削减到 1990 年水平之下 5%。

2. 附件 1 所列缔约方应到 2005 年时，在履行依本议定书规定的其承诺中做出可予证实的进展。

3. 在自 1990 年以来直接由人引起的土地利用改变和森林活动限于造林、重新遣林和砍伐森林产生的源的温室气体排放和汇的清除方面的净变化，作为每个承诺期间储存方面可核查的变化来衡量，应用来达到附件 1 所列每一缔约方在本条中的承诺。与这些活动相关的源的温室气体排放和汇的清除应以透明且可核查的方式做出通报，并依第 7 条和第 8 条做出审查。

4. 在作为本议定书缔约方会议的《公约》缔约方会议第 1 届会议之前，附件 1 所列每一缔约方应提供数据供附属科技咨询机构审议，以便确定其 1990 年的碳储存并能对以后各年的碳储存方面的变化做出估计。作为本议定书缔约方会议的《公约》缔约方会议应在第 1 届会议或在其后尽早实际可行时，就与农用土壤和土地利用改变和森林等类温室气体排放和清除方面变化有关的哪些因人引起的其他活动是否应加到附件 1 所列缔约方的分配数量中或从中减去的模式、规定和指南做出决定，同时考虑到各种不确定性、报告透明度、可核查性、政府间气候变化专门委员会的工作方法、附属科技咨询机构根据第 5 条提供的咨询意见以及《公约》缔约方会议的决定。这一决定应在第二个和以后的承诺期适用。一缔约方可为其第一个承诺期间就这些额外的因人而引起的活动做出这一决定，但这些活动须自 1990 年以来已经进行。

5. 其基准年或期间系根据《公约》缔约方会议第 2 届会议第 9/CP.2 号决定确定的、正在向市场经济过渡的附件 1 所列缔约方，在履行其本条中的承诺时应以该基准年或期间为准。正在向市场经济过渡但尚未依《公约》第 12 条提交其第 1 次国家信息通报的附件 1 所列任何其他缔约方，也可通知作为本议定书缔约方会议的《公约》缔约方会议，其有意为履行依本条规定的承诺使用除 1990 年以外的某一历史基准年或期间。作为本议定书缔约方会议的《公约》缔约方会议，应就这种通知的接受做出决定。

6. 考虑到《公约》第 4 条第 6 款，在履行其除本条中那些承诺以外的承诺方面，作为本议定书缔约方会议的《公约》缔约方会议应允许正在向市场经济过渡的附件 1 所列缔约方某种程度的灵活性。

7. 附件 1 所列每一缔约方的分配数量，在从 2008 年至 2012 年第一个排放量限制和削减承诺期，应等于在附件 B 中对附件 A 所列温室气体在 1990 年或按照上述第 5 款确定的基准年或期间内其总的人为二氧化碳当量排放总量所记的其百分比乘以 5。土地利用改变和林业对其构成 1990 年温室气体排放净来源的附件 1 所列这些缔约方，应为了计算其分配数量，在其 1990 年排放基准年或基准期包括人为二氧化碳当量排放总量减去 1990 年土地利用改变产生的清除。

8. 附件 1 所列缔约方，为了上述第 7 款所指计算的目的，可使用 1995 年作为氢氟碳化物、全氟化碳和六氟化硫的基准年。

9. 附件 1 所列缔约方对以后期间的承诺应在对本议定书附件 B 的修正中加以确定，这类附件应根据第 20 条第 7 款的规定予以通过。作为本议定书缔约方会议的《公约》缔约方会议，应至少在上述第 7 款中所指第一个承诺期结束之前 7 年开始审议这类承诺。

10. 一缔约方根据第 6 条和第 16 条之二规定从另一缔约方获得的任何排放削减单位或一个分配数量的任何部分，应计入该缔约方的分配数量。

11. 一缔约方根据第 6 条和第 16 条之二转让给另一缔约方的任何排放削减单位或一个分配数量的任何部分，应从该缔约方的分配数量中减去。

12. 一缔约方根据第 12 条规定从另一缔约方获得的任何经证明的排放削减单位，应记入该缔约方的分配数量。

13. 如附件所列在承诺期间内的排放少于其依本条确定的分配数量，这一差额经该缔约方的要求，应记入该缔约方以后的承诺期的分配数量。

14. 附件 1 所列每一缔约方应以将对发展中国家缔约方，尤其是《公约》第 4 条第 8 款和第 9 款所指那些缔约方不利的社会、环境和经济影响降低到最低程度的方式，履行上述第 1 款中所指的承诺。依照《公约》缔约方会议关于履行这些条款的相关决定，作为本议定书缔约方会议的《公约》缔约方会议，应在本议定书生效后，在其第 1 届会议审议可采取何种必要行动尽量减少气候变化的不利影响和/或依这些条款采取的对应措施对缔约方的影响。须予审议的问题应是资金筹措、保险和技术转让。

第四条

1. 凡同意共同履行第 3 条规定的其承诺的附件 1 所列缔约方，只要附件

A 中所列温室气体的人为二氧化碳当量排放总量不超过附件 B 中所记根据其排放量限制和削减承诺和根据第 3 条规定计算的分配数量，就应被认为履行了这些承诺。分配给协议各缔约方的各自排放水平应载明于该协议。

2. 任何这类协议的各缔约方应在他们交存批准、接受、核准或加入文书之日将协议条件通知秘书处。秘书处应接着将协议条件或修正或撤销协议的任何决定通知《公约》缔约方和签署方。

3. 协议应在第 3 条第 7 款所指承诺期的持续期间继续实施。

4. 如果缔约方在区域经济一体化组织的框架内连同该组织共同行事，该组织的组成在本议定书通过后的任何改变不应影响到依本议定书确定的现有承诺。该组织在组成上的这一改变只应用于继该改变后通过的依第 3 条规定的这些承诺。

5. 如这类协议的缔约方未能达到他们的合并排放削减水平，这一协议的每一缔约方应对协议中载明的其排放水平负责。

6. 如果缔约方在一个本身为议定书缔约方的区域经济一体化组织的框架内连同该组织共同行事，该区城经济一体化组织的每一成员国单独地和连同按照第 23 条行事的区域经济一体化组织一起，如未能达到总计合并排放削减水平，则应依本条做出的通知对其排放水平负责。

第五条

1. 附件 1 所列每一缔约方，应在不迟于第一个承诺期开始前 1 年，确立一个估算《蒙特利尔议定书》未予管制的所有温室气体的各种源的人为排放和各种汇的清除的国家制度。应体现下述第 2 款所指方法的此类国家制度指南，应由作为本议定书缔约方会议的《公约》缔约方会议第 1 届会议决定。

2. 估算《蒙特利尔议定书》未予管制的所有温室气体的各种源的人为排放和各种汇的清除的方法应是政府间气候变化专门委员会接受的方法，并且是《公约》缔约方会议第 3 届会议所议定的。如不使用这种方法，则应根据作为本议定书缔约方会议的《公约》缔约方会议第 1 届会议议定的方法做出适当调整。作为本议定书缔约方会议的《公约》缔约方会议，应基于特别是政府间气候变化专门委员会的工作和附属科技咨询机构提供的咨询意见，定期审查和酌情修订这些方法和做出调整，同时充分考虑到《公约》缔约方会议做出的任何有关决定。对方法或调整的任何修订应只用于为了在继该修订后通过的任何承诺期查明避守第 3 条规定的承诺。

3. 用以计算附件 A 所列《蒙特利尔议定书》未予管制的温室气体的各种源的人为排放和各种汇的清除的全球升温潜能值，应是政府间气候变化专门委员会按受的升温潜值，并且是由《公约》缔约方会议第3届会议议定的。作为本议定书缔约方会议的《公约》缔约方会议，应基于特别是政府间气候变化专门委员会的工作和附属科技咨询机构提供的咨询意见，定期审查和酌情修订每种此类温室气体的全球升温潜能值，同时充分考虑到《公约》缔约方会议做出的任何有关决定。对全球升温潜能值的任何修订，应只适用于继该修订后通过的任何承诺期依第3条规定的承诺。

第六条

1. 为了履行依第3条规定的承诺，附件1所列任一缔约方可以向任何其他这类缔约方转让或从他们获得由旨在任何经济部门削减温室气体的各种源的人为排放或增强各种汇的人为清除的项目产生的任何排放削减单位，但：

a. 任何这类项目须经有关缔约方批准；

b. 任何这类项目须能削减源的排放，或增强汇的清除，这一削减或增强是对以其他方式发生的任何削减或增强的补助；

c. 缔约方如果不遵守其依第5条和第7条规定的义务，则不可以获得任何排放削减单位；

d. 排放削减单位的获得应是对为履行第3条规定的承诺而采取的本国行动的补充。

2. 作为本议定书缔约方会议的《公约》缔约方会议在第1届会议或在其后尽早实际可行时为履行本条，包括为核查和报告进一步制定指南。

3. 附件1所列缔约方可以授权法律实体在该缔约方的负责下参加可导致依本条产生、转让或获得排放削减单位的行动。

4. 如依第8条的有关规定查明缔约方执行本款所指的要求有问题，排放削减单位的转让和获得在查明问题后可继续进行，但任何缔约方直到任何这类遵守问题获得解决之前不可使用任何排放削减单位来履行依第3条规定的其承诺。

第七条

1. 附件1所列每一缔约方应在其根据《公约》缔约方会议的相关决定提交的《蒙特利尔议定书》未予管制的温室气体的各种源的人为排放和各种汇的清除年度清单内，载列根据下述第4款确定的为了确保遵守第3条的目的而必要的补充资料。

2. 附件1所列每一缔约方应根据下述第4款的规定，在其依《公约》第12条提交的国家信息通报中提供必要的补充资料，以说明其遵守依本议定书所规定承诺的情形。

3. 附件 1 所列每一缔约方应依上述第 1 款每年提交信息，于本协定书对该缔约方生效后依《公约》应就承诺期第一年提交第一次清单。每一缔约方应提交依上述第 2 款所要求的信息，作为在本协定书对该缔约方生效后和在按下述第 4 款规定通过的指南后应提交的第一次国家信息通报的一部分。以后提交依本条所要求的信息的间隔时间应由作为本议定书缔约方会议的《公约》缔约方会议确定，同时考虑到《公约》缔约方会议就提交国家信息通报决定的时间表。

4. 作为本议定书缔约方会议的《公约》缔约方会议，应在第 1 届会议通过关于编制依本条所要求资料的指南，并在其后定期做出审查，同时考虑到《公约》缔约方会议通过的附件 1 所列缔约方国家信息通报编制指南。作为本议定书缔约方会议的《公约》缔约方会议，也应在第一个承诺期之前就计算分配数量的模式做出决定。

第八条

1. 附件 1 所列每一缔约方依第 7 条提交的国家信息通报，应由专家审查组根据《公约》缔约方并依照作为本议定书缔约方会议的《公约》缔约方会议根据下述第 4 款为此目的通过的指南做出审查。附件 1 所列每一缔约方依第 7 条第 1 款提交的信息应作为排放清单和分配数量年度汇编和计算的一部分做出审查。此外。附件 1 所列每一缔约方依第 7 条第 2 款提交的信息应作为信息通报审查的一部分做出审查。

2. 专家审查组之间的协调应由秘书处进行，审查组的成员应从《公约》缔约方和酌情由政府间组织提名的人选中，根据《公约》缔约方会议为此目通过的指导甄选。

3. 审查过程中，应对缔约方履行本议定书的情况的所有方面做出彻底且全面的技术评估。专定审查组应编写一份报告提交给作为本议定书缔约方会议的《公约》缔约方会议，在报告中评估缔约方履行承诺的情形，并查明在履行承诺方面任何潜在的问题以及影响到承诺履行情形的各种因素。此类报告应由秘书处分送《公约》的所有缔约方。秘书处应列明此类报告中指明的任何履行问题，供作为本议定书缔约方会议的《公约》缔约方会议做出进一步审议。

4. 作为本议定书缔约方会议的《公约》缔约方会议，应在第 1 届会议通过关于由专家审查组审查履行情况的指南，并在其后定期做出审查，同时考虑到《公约》缔约方会议的相关决定。

5. 作为本议定书缔约方会议的《公约》缔约方会议，应在附属履行机构并酌情在附属科技咨询机构的协助下审议：

a. 缔约方按照第 7 条提交的信息和专家审查组关于按照本条进行的审查的报告；

b. 秘书处根据上述第 3 款列明的那些履行问题，以及缔约方提出的任何问题。

6. 根据对上述第 5 款所指信息的审议情况，作为本议定书缔约方会议的《公约》缔约方会议，应就本议定书的履行所必要的任何事项做出决定。

第九条

1. 作为本议定书缔约方会议的《公约》缔约方会议，应依据关于气候变化及其影响的最佳可得科学资料和评估，以及相关的工艺、社会和经济资料，定期审查本议定书。这些审查应同依《公约》，特别是《公约》第 4 条第 2 款（d）项和第 7 条第 2 款（a）项所要求的那些相关审查进行协调。作为本议定书缔约方会议的《公约》缔约方会议，应基于这些审查结果采取适当行动。

2. 第 1 次审查应在作为本议定书缔约方会议的《公约》缔约方会议第 2 届会议上进行。进一步的审查应定期适时进行。

第十条

所有缔约方，考虑到他们的共同但有区别的责任，以及他们待殊的国家和区域发展优先顺序、目标和情况，在不要求未列入附件 1 的缔约方做出任何新承诺的情形下，重申《公约》第 4 条第 1 款中的承诺，并继续促进履行这些承诺以实现可持续发展，同时要考虑到《公约》第 4 条第 3 款、第 5 款和第 7 款，均应：

a. 在相关时且尽可能制定符合成本效益的国家方案和在适当情况下制定区域方案，以改进可反映每一缔约方社会经济状况的地方排放因素、活动数据和/或模式，用以编制和定期增订《蒙特利尔议定书》未予管制的温室气体的各种源的人为排放和各种汇的清除的国家清单；同时，采用将由《公约》缔约方会议议定的可比方法，并依照《公约》缔约方会议通过的国家信息通报编制指南。

b. 制定、实施、出版和定期增订载有减缓气候变化措施和促进适应气候变化措施的国家方案，在适当情况下制定、实施、出版和定期增订这样的区域方案：

（1）这类方案将除其他外，涉及能源、运输和工业部门以及农业、林业和废物管理。此外，适应技术和改进空间规划的方法也可有助于对气候变化的适应。

（2）附件1所列缔约方应根据上述第8条确定的指南就依本议定书采取的行动，包括国家方案提交情况；其他缔约方应设法在他们的国家信息通报中酌情说明载有缔约方认为有助于减缓气候变化及其不利影响，包括削减温室气体排放和增强汇及汇的清除、能力建设和适应办法等措施的方案。

c. 合作促进有效模式用以发展、应用和传播有关气候变化的无害环境技术、专知、做法和过程；并采取一切实际步骤促进、便利和酌情资助将此类技术、专知、做法和过程转让给特别是发展中国家或使他们有机会获得，包括制定政策和方案以便利有效转让国有或公有的无害环境技术，为私营部门创造有利环境以促进和增进获得和转让无害环境技术。

d. 在科技研究、促进维持和发展有系统的观察系统和发展数据库以减少与气候系统相关的不确定性、气候变化的不利影响和各种反应战略的社会经济后果等方面进行合作，并促进发展和加强本国能力参与国际及政府间关于研究和系统观测的努力、方案和网络，同时要考虑到《公约》第5条。

e. 在国际一级进行合作，酌情利用现有机构，促进拟订和实施教育及培训方案，包括加强国家机构，特别是加强人才和机构能力，交流或调派人员培训这一领域的专家，尤其是培训发展中国家的专家，并在国家一级促进公众意识和公众获得关于气候变化的信息；应当制定适当模式通过《公约》的相关机构落实这些活动，同时考虑到《公约》第6条。

f. 根据《公约》缔约方会议的相关决定，在国家信息通报中说明按照本条进行的方案和活动。

g. 在履行本条中的承诺方面，应充分考虑到《公约》第4条第8款。

第十一条

1. 在履行第10条方面，缔约方应考虑到《公约》第4条第4款、第5款、第7款、第8款和第9款的规定。

2. 在履行《公约》第4条第1款的范围内，根据《公约》第4条第3款和第11条的规定，并通过《公约》资金机制的经营实体，《公约》附件2所列发达国家缔约方和其他发达缔约方应：

a. 提供新的和额外资金帮助发展中国家缔约方支付在促进履行第10条（a）项所指《公约》第4条第1款（a）项规定的现有承诺方面引起的议定的全部增加费用。

b. 还应提供发展中国家缔约方在促进履行第10条所指《公约》第4条第1款中规定的和发展中国家缔约方与《公约》第11条所指国际实体根据

该条议定的现有承诺方面为支付议定的全部增加费用而所需的资金，包括技术转让。

这些现有承诺的履行应考虑到资金流量必需充足和可以预测，以及发达国家缔约方之间适当分担负担的重要性。《公约》缔约方会议相关决定中的《公约》资金机制指导，包括本议定书通过之前商定的那些指导，应经必要修正适用于本款的规定。

3. 《公约》附件2所列发达缔约方和其他发达缔约方也可以通过双边、区域和基他多边渠道为履行第10条提供资金，供发展中国家缔约方利用。

第十二条

1. 兹此规定一种清洁发展机制。

2. 清洁发展机制的目的是协助未列入附件1的缔约方实现可持续发展和增进《公约》的最终目标，并协助附件1所列缔约方遵守其依第3条规定的排放量限制和削减承诺。

3. 依清洁发展机制：

a. 未列入附件1的缔约方将获益于产生经证明的排放削减的项目活动；

b. 附件1所列缔约方可利用通过此种项目活动增加的经证明的削减促进遵守由作为本议定书缔约方会议的《公约》缔约方会议确定的依第3条规定的其排放量限制和削减承诺。

4. 清洁发展机制须由作为本议定书缔约方会议的《公约》缔约方会议授权和指导，并由清洁发展机制的执行理事会监督。

5. 每一项目活动产生的排放削减须经作为本议定书缔约方会议的《公约》缔约方会议授权决定的经营实体根据以下各项做出证明：

a. 经每一有关缔约方批准的自愿参加；

b. 与减缓气候变化相关的实际、可衡量的长期效益；

c. 排放削减是对在无经证明的项目活动的情况下会发生的任何排放减少的额外补助。

6. 如有必要，清洁发展机制应协助安排经证明的项目活动的筹资。

7. 作为本议定书缔约方会议的《公约》缔约方会议，应在第1届会议上拟订程序以期通过项目活动的独立审计和核查确保透明度、效率和会计责任。

8. 作为本议定书缔约方会议的《公约》缔约方会议，应确保通过经证明项目活动产生的收益份额应用以支付行政开支和协助特别易受气候变化不利影响之害的发展中国家缔约方支付相应费用。

9. 对于清洁发展机制的参与，包括上述第3款（a）项所指的活动及获得经证明的排放削减，可包括私有和/或公有实体，并需遵照清洁发展机制执行理事会可能提出的任何指导。

10. 在自 2000 年起直至第一个承诺期开始这段时期内实现的经证明的排放削减，可用以协助在第一个承诺期内遵约。

11. 作为本议定书缔约方会议的《公约》缔约方会议，应在第 4 届会议分析上述第 10 款所涉影响。

第十三条

1. 《公约》缔约方会议是《公约》的最高机构，应作为本议定书缔约方会议。

2. 非为本议定书缔约方的《公约》缔约方，可作为观察员参加作为本议定书缔约方会议的《公约》缔约方会议任何会议的议事工作。在《公约》缔约方作为本议定书缔约方会议行使职能时，依本议定书要求的决定只应由当时为本议定书缔约方成员的缔约方做出。

3. 在《公约》缔约方会议作为本议定书缔约方会议行使职能时，《公约》缔约方会议主席团中代表《公约》缔约方但在当时非为本议定书缔约方的任何成员，应由本议定书缔约方从本议定书缔约方中选出的另一成员替换。

4. 作为本议定书缔约方会议的《公约》缔约方会议，应经常审查本议定书的履行情况，并应在其权限内做出为促进本议定书得到有效履行而必要的决定，缔约方会议应履行本议定书交托给它的职能，并应：

a. 基于依本议定书的规定向它提供的所有信息，评估缔约方履行本议定书的情况，根据本议定书采取的措施的全面影响，尤其是对环境、经济、社会的影响和它们的累计影响，以及正在实现《公约》目标的进展程度；

b. 定期根据《公约》的目标、在履行中获得的经验以及科技知识的演进，审查依本议定书规定的缔约方的义务，同时适当顾及《公约》第 4 条第 2 款（a）项和第 7 条第 2 款要求的任何审查，并在这方面审议和通过关于本议定书履行情况的报告；

c. 促进和便利交流关于缔约方为处理气候变化及其影响而采取的措施的信息，同时考虑到缔约方的情况、责任和能力不一以及他们各自依本议定书做出的承诺；

d. 在两个或更多缔约方提出要求时，促进他们为缓解气候变化及其影响而采取的措施得到协调，同时考虑到缔约方的情况、责任和能力不一以及他们各自依本议定书做出的承诺；

e. 根据《公约》的目标和本议定书的条款，并充分考虑到《公约》缔约方会议的相关决定，促进将由作为本议定书缔约方会议的《公约》缔约方会议为编制和定期改进便利有效履行本议定书而议定的可比方法，并就此提供指导；

　　f. 就履行本议定书所必要的任何事项做出建议；

　　g. 设法根据第 11 条第 2 款调动额外资金；

　　h. 设立为了履行本议定书而被认为必要的附属机构；

　　i. 征求和酌情利用各主管国际组织和政府间及非政府机构提供的服务、合作和资料；

　　j. 行使为履行本议定书所需要的其他职能，并审议《公约》缔约方会议做出的决定产生的任何任务。

　　5. 《公约》缔约方会议的议事规则和《公约》的财务规则，应依本议定书规定经必要修正予以适用，除非作为本议定书缔约方会议的《公约》缔约方会议以协商一致方式另外做出决定。

　　6. 秘书处应结合本议定书生效后预定举行的《公约》缔约方会议第 1 届会议召开作为本议定书缔约方会议的《公约》缔约方会议第 1 届会议。此后应每年并且与《公约》缔约方会议常会结合举行作为本议定书缔约方会议的《公约》缔约方会议常会，除非作为本议定书缔约方会议的《公约》缔约方会议另有决定。

　　7. 作为本议定书缔约方会议的《公约》缔约方会议的特别会议应在作为本议定书缔约方会议的《公约》缔约方会议认为必要的时间举行，或应任何缔约方的书面要求而举行，但须在秘书处将该要求转达给各缔约方后 6 个月内得到至少 1/3 缔约方的支持。

　　8. 联合国及其专门机构和国际原子能机构以及未加入本《公约》的上述组织的成员国或观察员国，均可派代表作为观察员出席作为本议定书缔约方会议的《公约》缔约方会议的各届会议。任何在本议定书所涉事项上具备资格的团体或机构，无论是国家或国际的、政府或非政府的团体或机构，经通知秘书处其愿意派代表作为观察员出席作为本议定书缔约方会议的《公约》缔约方会议的某届会议，均可予以接纳，除非出席的缔约方至少 1/3 反对。观察员的接纳和参加应按照上述第 5 款所指的议事规则。

　　第十四条

　　1. 依《公约》第 8 条设立的秘书处应作为本议定书秘书处。

　　2. 关于秘书处职能的《公约》第 8 条第 2 款和关于就秘书处行使职能做出安排的《公约》第 8 条第 3 款，应经必要修改适用于本议定书，秘书处还应行使依照本议定书为其指派的职能。

第十五条

1. 《公约》第9条和第10条设立的附属科技咨询机构和附属履行机构应作为本议定书的附属科技咨询机构和附属履行机构。与这两个机构依《公约》行使职能有关的规定，应经必要修改适用于本议定书。本议定书的附属科技咨询机构和附属履行机构的届会应与《公约》的附属科技咨询机构和附属履行机构的会议同时举行。

2. 非为本议定书缔约方的《公约》缔约方可作为观察员参加附属机构任何届会的议事工作，在附属机构作为本议定书附属机构时，本议定书所要求的决定只应由为本议定书缔约方的成员做出。

3. 《公约》第9条和第10条设立的附属机构行使它们的职能处理涉及本议定书的事项时，附属机构主席团中代表《公约》缔约方但当时非为本议定书缔约方的任何成员，应由本议定书缔约方从本议定书缔约方中选出的另一成员替换。

第十六条

作为本议定书缔约方会议的《公约》缔约方会议应参照《公约》缔约方会议可能做出的任何有关决定，在尽早实际可行时考虑并酌情修改对本议定书适用《公约》第13条所指的多边协商程序，适用于本议定书的任何多边协商程序的运作不应损害依第17条设立的程序和机制。

第十六条之二

《公约》缔约方会议应就特别是关于排放贸易的核查、报告和会计责任规定相关原则、模式、规则和指南。为了履行其依本条规定的承诺，附件1所列任何缔约方可参与排放贸易。这种贸易应是对为了履行这些承诺的目的而采取的本国行动的补充。

第十七条

作为本议定书缔约方会议的《公约》缔约方会议，应在第1届会议通过适当且有效的程序和机制用以断定和处理不遵守本议定书的情势，包括就后果列出一个指示性清单，同时考虑到不遵守的原因、类型、程序和次数，依本条可引起具拘束性后果的任何程序和机制应以本议定书修正案的方式通过。

第十八条

《公约》第14条的规定应经必要修改适用于本议定书。

第十九条

1. 任何缔约方均可对本议定书提出修正。

2. 对本议定书的修正应在作为本议定书缔约方会议的《公约》缔约方会议常会上通过，对本议定书提出的任何修正案文应由秘书处在拟议通过该修正的会议之前至少 6 个月送交各缔约方。秘书处还应将提出的修正送交《公约》的缔约方和签署方，并送交保存人以供参考。

3. 缔约方应尽一切努力，以协商一致方式，就对本议定书提出的任何修正达成协议。如为谋求协商一致已尽一切努力，但仍未达成协议，作为最后的方式，该项修正应以出席会议并参加表决的缔约方 3/4 多数票通过。通过的修正应由秘书处送交保存人，再由保存人转送所有缔约方供其接受。

4. 对修正的接受文书应交存于保存人，按照上述第 3 款通过的修正，应于保存人收到本议定书至少 3/4 缔约方的接受文书之日后第 90 天起对接受该项修正的缔约方生效。

5. 对于任何其他缔约方，修正应在该缔约方向保存人交存其接受该项修正的文书之日后第 90 天起对其生效。

第二十条

1. 本议定书的附件构成本议定书的组成部分，除非另有明文规定，凡提及本议定书时即同时提及其任何附件。本议定书通过后生效的任何附件，应限于清单、表格和属于科学、技术、程序、行政性质的任何其他说明性材料。

2. 任何缔约方可对本议定书提出附件并可对本议定书的附件提出修正。

3. 本议定书的附件和对本议定书附件的修正，应在作为本议定书缔约方会议的《公约》缔约方会议的常会上通过。提议的任何附件或对附件的修正案文，应由秘书处在拟议通过该项附件或修正的届会之前至少 6 个月送交各缔约方。秘书处还应将提出的任何附件或对附件的任何修正送交《公约》缔约方和签署方，并送交保存人以供参考。

4. 缔约各方应尽一切努力，以协商一致方式，就提议的任何附件或对某一附件提出的任何修正达成协议。如为谋求协商一致已尽一切努力，但仍未达成协议，该项附件或修正应以出席会议并参加表决的缔约方 3/4 多数票通过。通过的附件或修正应由秘书处送交保存人，再由保存人送交所有缔约方供其接受。

5. 根据上述第 3 款和第 4 款通过或修正的附件，除附件 A 和附件 B 之外，应于保存人向本议定书的所有缔约方发出关于通过或修正该附件的通知之日起 6 个月后对所有缔约方生效，但在此期间书面通知保存人不接受该项附件或修正案的缔约方除外。对于撤回其不接受通知的缔约方，该项附件或修正案应自保存人收到撤回通知之日后第 90 天起对其生效。

6. 如果附件或对附件的修正案涉及对本议定书的修正，则该附件或对附件的修正应待对议定书的修正案生效之后方可生效。

7. 对本议定书附件 A 和附件 B 的修正应根据第 19 条中规定的程序予以通过并生效，但对附件 B 的任何修正只应以有关缔约方书面同意的方式通过。

第二十一条

1. 除下述第 Z 款所规定外，每一缔约方有一票表决权。

2. 区域经济一体化组织在其权限内的事项上应行使票数与其作为本议定书缔约方的成员国数目相同的表决权。如果一个此类组织的任一成员国行使自己的表决权，则该组织不得行使表决权，反之亦然。

第二十二条

联合国秘书长应为本议定书的保存人。

第二十三条

1. 本议定书应开放供签署并须经属《公约》缔约方的各国和区域经济一体化组织批准、接受或核准。本议定书自 1998 年 3 月 16 日至 1999 年 3 月 15 日在纽约联合国总部开放供签署，并自本议定书签署截止日之次日起开放供加入。批准、接受、核准或加入的文书应交于保存人。

2. 任何成为本议定书缔约方而其成员国均非缔约方的区域经济一体化组织应受本议定书各项义务的约束。如果此类组织的一个或多个成员国为本议定书的缔约方，该组织及其成员国应决定各国履行本议定书义务方面的责任。在此种情况下，该组织及其成员国无权同时行使本议定书规定的权利。

3. 区域经济一体化组织应在其批准、接受、核准或加入的文书中声明其在本议定书所规定事项上的权限。这些组织还应将其权限范围的任何重大变更通知保存人，再由保存人通知各缔约方。

第二十四条

1. 本议定书应在不少于 55 个《公约》缔约方，包括附件 1 所列缔约方已经交存其批准书、接受书、核准书或加入书之日后第 90 天起生效。

2. 为了本条的目的，附件 1 所列缔约方指在通过本议定书之日或之前这些《公约》缔约方在其按照《公约》第 12 条提交的第 1 次国家信息中通报的数量。

3. 对于依上述第 1 款中规定的生效条件达到之后批准、接受、核准或加入本议定书的每一国家或区域经济一体化组织，本议定书应自其批准、接受、核准或加入文书交存之日后第 90 天起生效。

4. 为本条之目的，区域经济一体化组织交存的任何文书不应被视为该组织成员国所交存文书之外的额外文书。

第二十五条

对议定书不得做任何保留。

第二十六条

1. 自本议定书对一缔约方生效之日起 3 年后，该缔约方可随时向保存人发出书面通知退出本议定书。

2. 任何此种退出应自保存人收到退出通知之日起 1 年期满时生效，或在退出通知中所述明的较迟日期生效。

3. 退出《公约》的任何缔约方，应被视为亦退出本议定书。

第二十七条

本议定书正本应交存于联合国秘书长，其阿拉伯文、中文、英文、法文、俄文和西班牙文文本同等作准。

1997 年 12 月 10 日订于京都。

附录3 《哥本哈根协议》全文

各国领导人、政府首脑、官员以及其他出席本次在哥本哈根举行的联合国 2009 年气候变化会议的代表：

为最终达成本协议第 2 款所述的会议目标，在会议原则和愿景的指引下，考虑到两个特别工作组的工作成果，我们同意特别工作组关于长期合作行动的 x/CP. 15 号决议，以及继续按照特别工作组 x/CMP. 5 号决议要求，履行附录 I 根据《京都议定书》列出的各方义务。

我们同意此哥本哈根协议，并立即开始执行。

1. 我们强调，气候变化是我们当今面临的最重大挑战之一。我们强调对抗气候变化的强烈政治意愿，以及"共同但区别的责任"原则。为最终达成最终的会议目标，稳定温室气体在大气中的浓度以及防止全球气候继续恶化，我们必须在认识到全球气候升幅不应超过 2℃ 的科学观点后，在公正和可持续发展的基础上，加强长期合作以对抗气候变化。我们认识到气候变化的重大影响，以及对一些受害尤其严重的国家的应对措施的潜在影响，并强调建立一个全面的应对计划并争取国际支持的重要性。

2. 我们同意，从科学角度出发，必须大幅度减少全球碳排放，并应当依照 IPCC 第四次评估报告所述愿景，将全球气温升幅控制在 2℃ 以下，并在公平的基础上行动起来以达成上述基于科学研究的目标。我们应该合作起来以尽快实现全球和各国碳排放峰值，我们认识到发展中国家碳排放达到峰值的时间框架可能较长，并且认为社会和经济发展以及消除贫困对于发展中国家来说仍然是首要的以及更为重要的目标，不过低碳排放的发展战略对可持续发展而言是必不可少的。

3. 所有国家均面临气候变化的负面影响，为此应当支持并实行旨在降低发展中国家受害程度并加强其应对能力的行动，尤其是最不发达国家和位于小岛屿的发展中国家以及非洲国家，我们认为发达国家应当提供充足的、可预测的和持续的资金资源、技术及经验，以支持发展中国家实行对抗气候变化的举措。

4. 附录Ⅰ各缔约方将在 2010 年 1 月 31 日之前向秘书处提交经济层面量化的 2020 年排放目标，并承诺单独或者联合执行这些目标。这些目标的格式如附录Ⅰ所示。附录Ⅰ国家中，属于《京都议定书》缔约方的都将进一步加强该议定书提出的碳减排。碳减排和发达国家的资金援助的衡量、报告和核实工作，都将根据现存的或者缔约方大会所采纳的任何进一步的方针进行，并将确保这些目标和融资的计算是严格、健全、透明的。

5. 附录Ⅰ非缔约方将根据第 4 条第 1 款和第 7 款，在可持续发展的情况下实行延缓气候变化的举措，包括在 2010 年 1 月 31 日之前按照附录Ⅱ所列格式向秘书处递交的举措。最不发达国家及小岛屿发展中国家可以在得到扶持的情况下，自愿采取行动。

附录Ⅰ非缔约方采取的和计划采取的减排措施应根据第 12 条第 1 款 (b)，以缔约方大会采纳的方针为前提，每两年通过国家间沟通来交流。这些通过国家间沟通或者向秘书处报告的减排措施将被添加进附录Ⅱ的列表中。

附录Ⅰ非缔约方采取的减排措施将需要对每两年通过国家间沟通进行报告的结果在国内进行衡量、报告和审核。附录Ⅰ非缔约方将根据那些将确保国家主权得到尊重的、明确界定的方针，通过国家间沟通，交流各国减排措施实施的相关信息，为国际会议和分析做好准备。寻求国际支持的合适的国家减排措施将与相关的技术和能力扶持一起登记在案。那些获得扶持的措施将被添加进附录Ⅱ的列表中。

这些得到扶持的合适的国家减排措施将有待根据缔约方大会采纳的方针进行国际衡量、报告和审核。

6. 我们认识到，减少滥伐森林和森林退化引起的碳排放是至关重要的，我们需要提高森林对温室气体的清除量，我们认为有必要通过立即建立包括 REDD + 在内的机制，为这类举措提供正面激励，促进发达国家提供的援助资金的流动。

7. 我们决定采取各种方法，包括使用碳交易市场的机会，来提高减排措施的成本效益，促进减排措施的实行；应该给发展中国家提供激励，以促使发展中国家实行低排放发展战略。

8. 在符合大会相关规定的前提下，应向发展中国家提供更多的、新的、额外的以及可预测的和充足的资金，并且令发展中国家更容易获取资金，以支持发展中国家采取延缓气候变化的举措，包括提供大量资金以减少滥砍滥伐和森林退化产生的碳排放（REDD +）、支持技术开发和转让、提高减排能力等，从而提高该协定的执行力。

发达国家所做出的广泛承诺将向发展中国家提供新的额外资金，包括通过国际机构进行的林业保护和投资，以及在 2010 年至 2012 年提供 300 亿美元。对于那些最容易受到冲击的发展中国家，如最不发达国家、小岛屿发展中国家以及非洲国家而言，为该协定的采用提供融资支持将是最优先的任务。

在实际延缓气候变化举措和实行减排措施透明的背景下，发达国家承诺在 2020 年以前每年筹集 1000 亿美元资金用于解决发展中国家的减排需求。这些资金将有多种来源，包括政府资金和私人资金、双边和多边筹资，以及另类资金来源。多边资金的发放将通过实际和高效的资金安排，以及为发达国家和发展中国家提供平等代表权的治理架构来实现。此类资金中的很大一部分将通过哥本哈根绿色气候基金（Copenhagen Green Climate Fund）来发放。

9. 最后，为达成这一目标，一个高水准的工作小组将在缔约方会议的指导下建立并对会议负责，以研究潜在资金资源的贡献度，包括另类资金来源。

10. 我们决定，应该建立哥本哈根气候基金，并将该基金作为缔约方协议的金融机制的运作实体，以支持发展中国家包括 REDD + 、适应性行动、产能建设以及技术研发和转让等用于延缓气候变化的方案、项目、政策及其他活动。

11. 为了促进技术开发与转让，我们决定建立技术机制（Technology Mechanism），以加快技术研发和转让，支持适应和延缓气候变化的行动。这些行动将由各国主动实行，并基于各国国情确定优先顺序。

12. 我们呼吁，在 2015 年结束以前完成对该协议及其执行情况的评估，包括该协议的最终目标。这一评估还应包括加强长期目标，比如将全球平均气温升幅控制在 1.5℃ 以内等（见附表 1）。

附表 1　与会方承诺减排信息

与会方	承诺细节		承诺状态	是否包括土地利用、土地利用变化和林业（LULUCF）	机制引入
	2020 年减排范围	参照年			
澳大利亚	5%~15% 或 25%	2000 人	官方宣布	是	是
白俄罗斯	5%~10%	1990 人	考虑中	是	量化限制和减排目标（QELROs）依据具体条件而定
加拿大	20%	2006 人	官方宣布	初步定为 2006 年总排放量的 2% 至 -2%	无重要使用

与会方	承诺细节		承诺状态	是否包括土地利用、土地利用变化和林业（LULUCF）	机制引入
	2020 年减排范围	参照年			
克罗地亚ª	5%	1990 人	考虑在	是	待定
欧盟ᵇ	20%～30%	1990 人	立法通过	若减排为 20%，则不包括；若减排为 30%，则在 –3% 至 3%	初步估计：若减排 20%，则为 4%；若减排 30%，则为 9%
冰岛	15%	1990 人	官方宣布	可观贡献	限制机制使用
日本	25%	1990 人	官方宣布	初步定为 1990 年排放量的 1.5% 至 –2.9%	待定
哈萨克斯坦	15%	1992 人	官方宣布	待定	待定
列支敦士登	20%～30%	1990 人	官方宣布	否	10%～40%
摩纳哥	20%	1990 人	官方宣布	否	是
新西兰	10%～20%	1990 人	官方宣布	是	是
挪威	30%～40%	1990 人	官方宣布	约6%	是
俄罗斯	15%～25%	1990 人	官方宣布	待定	待定
瑞士	20%～30%	1990 人	官方宣布	是（根据现有计算规则）	初步估计，若减排 20%，则为 36%；若减排 30%，则为 42%
乌克兰	20%	1990 人	考虑中	待定	是
美国	14%～17%	2005 人	考虑中	是	是

注：a 根据决议 7/CP.12 的计算，相对基准减排 5% 等同于 2020 年相对 1990 年减排 6%。

b 欧共体总排放量包括《受京都议定书》第 4 条约束的 15 个成员国，以及其余协定附件 1 所包括的成员国。

附录4 保定市人民政府办公厅
关于印发开展绿色建筑行动促进低碳
保定发展实施方案的通知

各县（市、区）人民政府、开发区管委会，市政府有关部门，有关单位：

《开展绿色建筑行动促进低碳保定发展实施方案》已经市政府同意，现印发给你们，请认真贯彻落实。

2013 年 10 月 16 日

开展绿色建筑行动促进低碳保定发展实施方案

为贯彻落实《国务院办公厅关于转发发展改革委、住房城乡建设部绿色建筑行动方案的通知》（国办发〔2013〕1 号）和《河北省人民政府办公厅转发省发展改革委、省住房城乡建设厅关于开展绿色建筑行动创建建筑节能省实施意见的通知》（冀政办〔2013〕6 号）要求，全面推动我市开展绿色建筑行动，加快低碳城市建设，制定以下实施方案。

一、指导思想

以科学发展观为指导，以新型城镇化和新农村建设为契机，以转变城乡建设模式为根本，以提高资源利用效率和改善建筑舒适性为核心，以节能减排为动力，严格规划、设计、建设、验收、运营等环节管理，强化政策法规、技术推广、产业支撑，全方位开展绿色建筑行动，促进绿色低碳生态城市建设，实现可持续发展。

二、主要目标

按国家、省开展绿色建筑行动方案要求，结合我市低碳城市建设实际，"十二五"期间主要工作目标为：

（一）新建建筑能效提升。全市新建民用建筑节能标准执行率达到100%。

（二）既有居住建筑节能改造。"十二五"期间，全市完成既有居住建筑供热计量及节能改造500万平方米。

（三）供热计量收费改革。到2015年年底，市区住宅供热计量收费面积达到本市住宅集中供热面积的50%以上，各县（市）和白沟新城住宅供热计量收费面积达到住宅集中供热面积的25%以上。

（四）可再生能源建筑应用。到2015年年底，新建建筑中可再生能源建筑应用率达40%以上；全市新增太阳能光伏并网发电和太阳能分布式应用系统总装机容量达到200兆瓦。

（五）公共建筑节能管理。建立机关办公建筑及大型公共建筑监管体系，并对重点建筑能耗实现动态监管。开展公共建筑节能改造，"十二五"期间，完成公共建筑改造23万平方米和公共机构办公建筑改造23万平方米；"十二五"期末，实现公共建筑单位面积能耗下降10%，其中大型公共建筑能耗降低15%。

（六）绿色建筑有序推进。2013年、2014年、2015年，绿色建筑占新建民用建筑的比例分别达到15%、20%、25%。

三、重点工作

（一）提高新建建筑节能水平

1. 强化新建建筑节能监管。严格执行建筑节能强制性标准。坚持按标准设计、按标准施工、按标准监理、按标准竣工验收，确保每年全市城镇新建民用建筑节能强制性标准执行率达到100%。

2. 建设示范工程。积极引导建设被动式低能耗建筑或更高能效水平建筑节能标准的试点示范工程。率先在市政府投资项目、保障性安居工程中进行试点，逐步推广。

3. 提高节能建筑比例。通过新建节能建筑、改造既有非节能建筑，提高节能建筑在建筑总面积中的比例，到2015年，全市城镇节能建筑占建筑总面积比例提高10个百分点以上，"双三十"重点县（市）要不折不扣地完成节能建筑占比承诺目标。

（二）推进绿色建筑规模化发展

1. 强化规划控制。城乡规划部门要在城镇新区建设、旧城更新和棚户区改造中，将绿色建筑比例、生态环保、公共交通、可再生能源利用、土地集约利用、再生水利用、废弃物回收利用、装修方式等指标体系，作为约束性条件纳入总体规划、控制性详细规划、修建性详细规划和专项规划，并落实到具体项目。

2. 率先执行绿色建筑标准。政府投资项目（办公建筑、学校、医院、博物馆、体育馆、科技馆、图书馆等）、保障性住房、2 万平方米以上大型公共建筑（商场、写字楼、机场、车站、宾馆、饭店、影剧院等）、建筑面积 10 万平方米及以上的住宅小区，自 2013 年 11 月 1 日起必须全面执行绿色建筑标准。涿州生态宜居示范基地所有新建项目必须全面执行绿色建筑标准。鼓励其他新建项目推行绿色建筑标准。

3. 抓好绿色建筑评价标识工作。对按绿色建筑标准设计建造的一般住宅和公共建筑，实行自愿性评价标识；对按绿色建筑标准设计建造政府投资的保障性住房、学校、医院等公益性建筑及大型公共建筑，率先实行评价标识，逐步过渡到对所有新建绿色建筑进行评价标识。

4. 积极推进绿色农房建设。住房城乡建设部门和农业等部门要按照村镇绿色生态发展要求，组织指导编制村镇建设规划，加强村镇绿色建筑技术指导，大力推广农房节能技术，科学引导农房执行建筑节能标准，开展农村危房改造建筑节能示范，改善农民的生活质量。

（三）扎实推进既有居住建筑供热计量及节能改造工作

1. 明确任务，保证效果。2013 年、2014 年、2015 年，全市既有居住建筑供热计量及节能改造分别完成 99 万平方米、104 万平方米、104 万平方米。一是在旧城区综合整治、城市市容整治、既有建筑抗震加固、城市供热热源和热网改造中同步进行节能改造。二是以围护结构、供热计量和管网热平衡为重点进行节能改造，尤其要加大围护结构改造的力度，努力提高综合改造的比重。三是严把规划、设计和施工关，加强施工全过程质量控制与管理；严把材料关，坚决杜绝伪劣产品入场；严把安全关，切实抓好防火安全。节能改造工程完成后需进行建筑能效测评，达不到要求的不得通过竣工验收。

2. 多种渠道，筹措资金。一是通过政府组织协调，产权单位、居民个人及金融机构多方筹集既有建筑节能改造资金。二是市、县两级财政部门设立既有建筑节能改造专项资金，对列入节能改造计划的项目，将中央财政奖励资金按比例配套到位。资金来源可通过调剂土地出让金、公积金、房屋维修基金、小区整治和市容市貌改造资金等途径解决，还可从供热费或供热配套费中拿出一定比例资金进行补充。三是利用合同能源管理模式等方式筹措改造资金。

（四）积极推行供热计量改革

1. 推行供热计量收费。一是完善供热计量价格和收费政策。市区及各县（市）、开发区 2013 年 10 月底前出台两部制热价（基础热价＋计量热价）及收费办法，统一实行基础热价比例为 30%、计量热价比例为 70% 的收费体系，取消"面积上限"。二是实施供热计量收费。所有实行集中供热的新建民用建筑和已完成供热计量和节能改造的既有民用建筑，必须实行按用热量计价收费。2013 年、2014 年、2015 年，保定市区住宅供热计量收费面积分别达到住宅集中供热面积的 35%、40%、50% 以上；2013 年、2014 年、2015 年，县级市住宅供热计量收费面积分别达到住宅集中供热面积的 15%、20%、25% 以上。

2. 开展城镇供热系统改造。实施城镇供热系统节能改造，提高热源效率和管网保温性能，优化系统调节能力，改善管网热平衡。撤并低能效、高污染的供热燃煤小锅炉，因地制宜推广热电联产、高效锅炉、工业废热利用等供热技术，促进全市城镇集中供热事业健康发展。

3. 改善供热服务质量。建立供热企业对用户直接管理和收费的模式，解决托管引发的诸多矛盾。直管到户的供热企业要负责二次管网的维修维护，费用纳入企业运行成本。细化供热服务标准和服务承诺，严格落实供热投诉首问负责制，采暖期内实现全覆盖达标供热。

（五）扎实推进可再生能源在建筑中的规模化应用

1. 强制和激励并举，促使规模化应用。一是严格落实"四同时"制度。全市范围内新建和改建民用建筑要积极采用太阳能光热、光电与浅层地能等可再生能源应用技术，并做到可再生能源技术与建筑工程同步设计、同步施工、同步验收，同步交付使用。二是抓好强制推广应用。全市范围内所有 12 层及以下的新建居住建筑和实行集中供应热水的医院、学校、饭店、游泳池、公共浴室（洗浴场所）等热水消耗大户，必须采用太阳能热水系统与建筑一体化技术；对具备利用太阳能热水系统条件的 12 层以上民用建筑，建设单位应采用太阳能热水系统；具备可再生能源利用条件的保障性住房、国家机关办公建筑、学校、医院等政府投融资建筑项目、1 万平方米以上的公共建筑项目等应至少利用 1 种可再生能源。三是抓好示范。切实抓好保定市可再生能源建筑应用城市示范及望都县县级示范的组织实施工作，并引导有条件的县（市）申报可再生能源建筑应用示范县。

2. 抓好工业余热、中水等可再生资源综合利用。以循环经济理念为指导，合理布局集中供热、污水处理、电厂等基础设施，构建居民生活废水集中供污水处理厂，污水处理厂产生中水供电厂，电厂余热供社区居民取暖的生产生活资源循环链条，更大规模、更大范围地推广可再生能源建筑应用。

3. 加快推进建设领域太阳能光伏应用。一是抓好新建公共建筑和工业建筑太阳能光电应用。全市范围内所有新建办公楼、医院、学校、体育场馆、会展场馆、科技馆、博物馆、车站、商场（商业综合体）等公共建筑和大型工业厂房，具备太阳能光伏应用条件的，应采用太阳能屋顶、光伏幕墙等光电建筑一体化技术。二是开展既有建筑光电应用改造。鼓励具备应用条件的既有公共建筑及工业厂房，利用屋顶等部位进行光伏应用改造。产权属于政府的建筑，应无偿提供。三是积极推广农村太阳能光电建筑应用。选择具备条件的新农村，集中连片、同步规划建设居民屋顶光伏与建筑一体化示范项目。支持建设与绿色设施农业相结合的光伏生态农业大棚、养殖场等光伏项目。

（六）积极开展公共建筑节能监管和节能改造

1. 推进能耗统计、审计及公示工作。一是对全市国家机关办公建筑和大型公共建筑进行全口径统计。二是建立市级能耗监管平台，对重点建筑尤其是国家机关办公建筑实现动态监管。三是对年综合能源消费量5000吨标准煤及以上的宾馆、饭店、商贸企业、学校或营业面积8万平方米以上的宾馆、饭店，5万平方米及以上的商贸企业、在校生人数1万人及以上的学校，要定期开展能源审计，按规定向市节能及建筑主管部门报送能源利用状况报告。

2. 实行建筑能效测评标识。自2013年11月1日起，新、改、扩建的国家机关办公建筑和大型公共建筑，应根据建筑形式、规模及使用功能，在规划、设计阶段引入分项能耗指标，细化用能系统的设计参数及系统配置，施工阶段必须同步安装能耗分项计量装置，项目建成后必须进行能源利用效率测评和标识，凡达不到工程建设节能强制性标准的，不得办理竣工验收备案手续。

3. 开展公共建筑节能改造。在能耗监测的基础上，选择高耗能的大型公共建筑和公共机构办公建筑进行围护结构、供热系统、采暖制冷系统、照明设备和热水供应设施等节能改造，提高用能效率和管理水平。2013年、2014年、2015年，公共建筑节能改造和公共机构办公建筑节能改造各分别完成7万平方米、8万平方米和8万平方米。

4. 推行公共建筑能耗（电耗）限额管理。在能耗统计、能源审计、能耗动态监测工作的基础上，研究制定各类型公共建筑的能耗限额标准，并对公共建筑实行用能限额管理。节能监察机构要定期进行节能专项监察，对查出的超限额用能（用电）单位，实行超限额加价或强制实施改造等政策。

（七）大力发展应用绿色建材

1. 大力发展绿色建材。结合本地气候特点和资源条件，发展安全耐久、节能环保、施工便利的绿色建材。壮大奥润顺达窗业有限公司等节能环保产业龙头企业和示范基地，积极培育节能门窗、太阳能等绿色建筑产业园区和一批重大产业项目，广泛提供先进技术和适宜产品，促进绿色建材快速健康发展。

2. 积极推广绿色建材应用。全面推广以工业废渣、粉煤灰、建筑渣土等为原料生产的各种砌块、轻质板材、复合墙体等新型墙体材料和节能环保产品，提高绿色节能建材产品在工程中的应用率。积极推广使用预拌混凝土、预拌砂浆。引导高性能混凝土、高强钢的发展利用，到 2015 年年末，标准抗压强度 60 兆帕以上混凝土用量达到总用量的 10%，屈服强度 400 兆帕以上热轧带肋钢筋用量达到总用量的 45%。

3. 加强绿色建材市场监管。一是加强建材生产、流通和使用环节的质量监管和稽查，杜绝性能不达标的建材进入市场。二是深入推进墙体材料革新工作，按国家和省相关要求完成"禁实""禁粘"目标任务；全市逐步限制生产黏土墙材制品，分期分批拆除黏土砖窑；大力发展高强、利废、节能、环保的新型墙体材料产品，到 2015 年年末，新墙材产量占墙体材料总量的比例达到 80% 以上。三是加大散装水泥推广力度，落实市区和县城城区禁止现场搅拌混凝土和砂浆的政策规定，到 2015 年年末，市区、县城城区和县级城镇禁止在施工现场搅拌混凝土和砂浆。四是加大监督管理力度，将禁止使用黏土制品情况、预拌混凝土和预拌砂浆使用情况纳入日常监督管理。

（八）推进建筑工业化和住宅产业化发展

1. 推动建筑工业化。在全市范围内积极推广适合工业化生产的预制装配式混凝土、钢结构、"CL 建筑体系"等建筑体系，加快发展建设工程预制和装配技术，提高建筑工业化技术集成水平。

2. 推进住宅产业化。大力推广应用装配式钢筋混凝土结构等 4 类产业化住宅结构体系、非砌筑类型的建筑内外墙板等 6 类预制部品、住宅全装修及住宅产业化成套技术，加强产业化住宅设计、审查和预制部品的管理。到 2015 年年底，初步形成住宅建筑工业化的建造体系和技术保障体系。积极扶持一批住宅产业化生产基地，打造住宅产业链，培育经济增长点。

3. 着力推进住宅装修一次到位。政府主导的公共租赁住房、廉租住房等保障性住房项目和住宅产业化试点项目应当逐步全面实行全装修，并积极倡导其他住宅项目实施住宅全装修。到 2015 年年末，实行住宅全装修的开发建设项目比例达到 20% 以上。

（九）在建筑领域深入开展节水工作

1. 大力推广应用节水器具和技术。一是新建、改建、扩建建筑项目应当按照有关标准坚持节水设施与主体工程同时设计、同时施工、同时投入使用。二是严格执行节水型生活用水器具标准，城市所有新建、改建和扩建的民用建筑，必须采用符合节水标准的用水器具。三是大力推广使用微灌、滴灌、渗灌等技术，发展节水型绿化。

2. 积极推广雨水和再生水利用。一是开展废水综合利用。鼓励大型公共建筑、居住小区设置雨水收集利用装置，加强雨水利用。二是加快中水回用设施建设。建筑面积 10 万平方米以上的居民小区及 3 万平方米以上用水量较大的新建公共建筑，必须配套建设中水回用设施。三是推广城市污水再生利用技术、污水源热泵空调技术等，认真研究规划并实施将污水处理厂的出厂水用于河道冲洗、农业灌溉、道路绿化、厕所冲洗、景观环境建设等工程项目，大幅度提高城市污水利用率指标。

（十）加强建筑拆除管理和建筑废弃物资源化利用

1. 积极探索建立建筑拆除审批、公告制度。严格维护城市规划的严肃性和稳定性，除基本的公共利益需要外，任何单位和个人不得随意拆除符合城市规划和工程建设标准，且在正常使用寿命内的建筑。研究实行建筑报废拆除审批制度。拆除大型公共建筑要按有关程序提前向社会公示和征求意见。

2. 循环利用建筑废弃物。一是按照"谁生产、谁负责"的原则，落实建筑废弃物处理责任制，加强建筑垃圾产生、运输、处理过程的监管。二是加强建筑废弃物的分类、破碎、筛分等技术研发，推广利用建筑废弃物生产新型墙材产品，拓展建筑废弃物循环利用途径。三是开展建筑废弃物循环利用试点，探索建立布局合理、技术先进、规模适宜、管理规范的循环利用体系，带动全市建筑废弃物规模化利用。四是认真落实省住房和城乡建设厅等八部门《关于进一步加强全省建筑垃圾综合利用工作的指导意见》（冀建材〔2012〕846 号），推动全市建筑垃圾综合利用工作深入开展。2013 年、2014年、2015 年，建筑垃圾循环利用率分别达到 10%、15%、20%。

（十一）积极推广绿色施工

1. 科学制定绿色施工方案。依据住建部颁布的《绿色施工导则》，在保证质量、安全等基本要求的前提下，制定科学合理的绿色施工方案，通过科学管理和技术进步，最大限度地节约资源与减少对环境的负面影响，实现"四节一环保"。

2. 狠抓施工扬尘治理和文明施工。强化各参建单位的主体责任，建设、施工、监理等单位各负其责，切实抓好建筑工程施工现场扬尘治理工作。提高文明工地管理标准和质量。对扬尘治理不深入，脏、乱、差的工程项目，一律不得申报文明工地。

四、保证措施

（一）加强组织领导。一是成立由分管副市长任组长的保定市推进绿色建筑工作领导小组，分管副秘书长和市住建局局长任副组长，有关部门主要领导为成员，负责全市绿色建筑推进工作的决策、指挥和协调。领导小组在市住建局下设办公室，主要负责任务目标分解和日常协调管理等工作。各县（市、区）政府、开发区管委会也要成立相应组织机构。二是建立推进绿色建筑工作联席会制度。每季度召开一次联席会议，分析工作开展情况，协调解决存在的问题，研究推进工作措施、办法。每半年召开一次调度会，各县（市、区）政府、开发区管委会和市政府有关部门汇报工作进展情况，研究存在的问题，部署下步工作。

（二）强化目标责任。一是实施绿色建筑发展总体任务分解。各县（市、区）政府和开发区管委会主要负责同志作为本地推进绿色建筑工作的第一责任人，要切实负起责任，亲自研究，亲自部署，亲自协调解决具体问题，形成一级抓一级、层层抓落实的工作机制，确保推进绿色建筑工作落实到位。二是将推进绿色建筑目标完成情况和措施落实情况纳入节能减排目标责任评价考核体系，实行年度考核，定期公布结果，接受社会监督，对完不成任务的要严格问责，成绩突出的予以表彰奖励。

（三）加大支持力度。加大绿色建筑发展财政投入和奖补力度。市财政部门每年视财力情况统筹安排绿色建筑专项资金，重点用于绿色建筑发展研究、宣传培训、技术与产品研发和对二星级及以上绿色建筑的奖励。鼓励有条件的县（市、区）、开发区开展绿色生态城区建设。市住建和财政部门要积极做好星级绿色建筑申报、奖励审核和备案工作，积极争取上级财政奖励资金。

（四）严格监督管理。严格按照标准对绿色建筑的规划、设计、施工、验收等阶段进行全过程监管。一是规划部门在新建区域建筑的规划审查中增加绿色生态指标审查内容。二是国土部门将可再生能源利用强度、再生水利用率、建筑材料回用率等涉及绿色建筑发展的指标列为供地的重要条件。三是住房和城乡建设部门对绿色建筑项目在施工图设计审查中增加绿色建筑专项审查内容，达不到要求的不予通过；不满足绿色建造要求的不予颁发开工许可证。四是实行民用建筑绿色信息公示制度。建设单位在房屋施工、销售现场，根据审核通过的施工图设计文件，把民用建筑的绿色性能以张贴、载明等方式予以明示。

附录5　保定市人民政府
关于建设低碳城市的意见（试行）

（2010 年 10 月 29 日）

为深入贯彻落实科学发展观，加快转变经济发展方式，努力探索具有保定特色的低碳城市发展道路，推进全市经济社会又好又快发展，提出如下意见。

一、充分认识建设低碳城市的重大意义

低碳城市是指城市经济以低碳产业为主导模式、市民以低碳生活为理念和行为特征、政府以低碳社会为建设蓝图的城市。建设低碳城市，是贯彻落实党的十七大精神、顺应工业文明向生态文明转变的必然选择，是坚持以人为本、执政为民宗旨的具体体现，对于加快推进新型工业化和城镇化步伐，促进产业转型升级，改善生态环境，提高群众生活质量，提升城市品位和城市综合竞争力，具有十分重要的意义。

保定是今年国家发改委确定的全国首批低碳城市建设 8 个试点市之一。近年来，随着"保定·中国电谷""太阳能之城"的加快建设，低碳产业得到较快发展，低碳产品得到初步应用，低碳理念和生活方式日益深入人心。在看到基础和优势的同时，也要清醒地看到，我市低碳城市建设仍处于起步阶段，与国家的要求相比，与广大群众的期望相比，与先进地区的发展相比，还有一定差距，特别是在强化低碳理念、发展低碳产业、加强低碳管理、倡导低碳生活等方面还有很多具体工作要做。抓住有利时机，总结以往经验，加快改革创新，科学、系统、全面推进低碳城市建设是迫在眉睫的重要任务。

全市各级各部门一定要站在全局的、长远的和战略的高度，充分认识建设低碳城市的重大意义，进一步增强资源意识、能源意识、环境意识，切实把加快低碳城市建设作为贯彻落实科学发展观、实现"又好又快发展、强市兴县富民"的战略举措，统筹推进低碳城市建设各项工作。

二、建设低碳城市的指导思想和主要目标

（一）指导思想。坚持以科学发展观为指导，以构建资源节约型、环境友好型社会，推进新型工业化和新型城镇化，实现"又好又快发展、强市兴县富民"为目标，以强化低碳理念、发展低碳产业、加强低碳管理、倡导低碳生活为主要任务，坚持政府推动、规划先行、示范带动、全民参与、突出重点、分步实施的原则，加快转变生产方式和消费模式，积极探索符合保定实际的节能环保、绿色低碳的生态文明发展道路。

（二）主要目标。城市经济发展质量明显提高，综合经济实力显著增强，产业结构、能源结构进一步优化，节能降耗成效更加明显，低碳产业优势更加突出，低碳社会建设全面推进，健康、节约、低碳的生活方式和消费模式逐步确立，居民生活质量进一步改善，二氧化碳排放强度稳步下降，逐步把保定建设成为经济发展、社会繁荣、人与自然和谐相处的可持续发展的低碳城市。到 2015 年和 2020 年，全市万元 GDP 二氧化碳排放量分别比 2005 年下降 35% 和 48% 左右。

三、建设低碳城市的主要任务

（一）强化低碳理念。抓住被国家发改委确定为低碳试点城市的有利时机，宣传普及低碳知识，努力提高公民低碳意识，增强加快低碳城市建设的自觉性。

1. 加强教育引导。举办多种形式的知识讲座、图片展览等，强化低碳知识教育宣传。教育部门要把低碳城市建设及节约资源和保护环境内容渗透到各级各类学校的教育教学中，培养儿童和青少年的低碳、节约和环保意识。各级党校要加强对各级干部的教育培训，提高建设低碳城市的认知水平和执行能力。

2. 开展全民创建。在全市开展低碳型机关、社区、学校、医院、企业等创建活动。组织开展低碳宣传进社区、进校园以及低碳单位认证、低碳产品标识等活动，动员和组织广大市民、企事业单位积极参与低碳城市建设。

3. 强化示范带动。选择一批基础条件好的机关、企业、商场、社区，建立低碳宣传教育基地，面向社会开放。建立低碳示范企业，重点在清洁生产、节能降耗、资源综合利用等方面进行示范。建立低碳示范园区，重点在园区生态环境、共用服务设施等方面进行示范。建立低碳示范社区（村镇），结合社区建设和农村新民居建设，重点在建筑节能改造、新能源和可再生能源利用、社区绿化等方面进行示范。

（二）发展低碳产业。构建低碳产业支撑体系，大力发展先进制造业、现代服务业、现代农业等低碳产业，提升产业层次和核心竞争力，推动保定产业结构向低碳化方向发展。

1. 大力发展先进制造业。培育壮大新能源及能源设备制造、汽车及零部件、电子信息等具有保定特色和优势的先进制造业。完善光电、风电、输变电、储电、节电、电力自动化六大产业体系，以天威、英利集团和国电联合动力、中航惠腾、风帆股份等为龙头，推进太阳能光伏发电设备、风力发电设备、新型储能材料和节电设备等项目建设，打造新能源及能源设备制造基地（保定·中国电谷）。坚持差别竞争、错位发展，以长城、长安、中兴汽车公司为龙头，加快新能源汽车和小排量节能环保汽车的研发、生产，推进长城汽车 50 万辆乘用车、长安汽车 20 万辆微型扩能、长安汽车 30 万台发动机等项目建设，打造汽车及零部件制造基地（华北轻型汽车城）。推进航天科工集团（涿州）基地、东方地球物理科技园区等项目建设，打造电子信息产品制造基地。到 2015 年和 2020 年，三大制造业增加值占规模以上工业增加值的比重分别达到 38% 和 43% 左右。

2. 全面提升现代服务业。重点发展现代物流、休闲旅游、文化创意、金融服务等产业。围绕打造京南现代物流基地，推进保定无水港仓储、市交通物流中心、英利仓储物流等项目建设。围绕打造文化休闲旅游基地，推进市区体育新城健身休闲旅游、易县易水湖综合开发、白洋淀旅游综合开发等项目建设。围绕打造文化创意基地，推进保定动漫产业和文化创意产业发展，带动提高全市服务业整体水平。围绕加快发展金融服务业，优化金融生态环境，提升金融业对经济发展的支撑能力和服务功能。到 2015 年和 2020 年，第三产业占 GDP 的比重分别达到 36% 和 38%。

3. 加快发展现代农业。全面普及应用现代农业生产技术，提高农业产业化发展水平。稳定粮食生产，确保粮食安全。积极发展设施农业。加快规模化养殖基地建设。完善绿色农业标准和监测体系。到 2015 年和 2020 年，第一产业增加值占 GDP 的比重分别调整到 13% 和 10% 左右。

4. 调整优化能源结构。组织实施"新型能源开发利用工程"，提高新型能源在能源消费中的比重。积极推进定州、涞源、博野等太阳能光伏发电建设工程和雄县地热能开发利用工程。在风力资源相对丰富的区域，积极推进风力发电工程建设。在秸秆、果木枝条等生物质燃料产量较大的地区，建设适当规模的生物质发电项目。在中心城市和重点城镇周边，积极推进垃圾发电项目建设。

（三）加强低碳管理。把节能降耗作为加强低碳管理的重要内容，全面推进工业生产、农村生活以及建筑、交通等各领域的节能降碳工作。

1. 加快传统产业改造。普及应用新型节能技术，重点改造提升电力热力、纺织化纤、建材等能耗较高的传统产业，加大节能降耗工作力度，加快淘汰落后产能。到 2015 年和 2020 年，规模以上工业单位增加值综合能耗分别比 2010 年和 2015 年降低 30% 和 20% 以上。

2. 积极倡导农村节能。围绕农村住宅节能和沼气、太阳能、生物质能等新型能源在农村的开发和利用，重点组织实施以大中型沼气和户用沼气建设为主体的"农村节能普及工程"，逐步建立符合农村生产、生活环境特点的节能体系。到 2015 年和 2020 年，农村沼气用户分别达到 50.3 万户和 56.3 万户，农村沼气普及率分别达到 23% 和 26%。

3. 大力推进建筑、交通等领域节能。改造非节能建筑，加大太阳能和地热能的开发利用，不断降低建筑采暖、热水供应、照明等方面的能源消耗。到 2015 年，完成市区既有非节能建筑改造 200 万平方米；到 2020 年，完成市区 80% 的既有非节能建筑改造。实施集中供热，提高采暖用能利用效率。到 2015 年和 2020 年，保定主城区集中供热普及率分别达到 80% 和 90% 以上，县城集中供热普及率分别达到 40% 和 80% 以上。积极调整交通能源结构，优先发展公共交通，适度控制小汽车出行比例，大力推广应用新能源车辆，积极建立绿色、低碳城市交通体系。到 2015 年，全面完成城市公共交通油改气工作；到 2020 年，城市公交全部采用新型能源车辆。

（四）倡导低碳生活。鼓励低碳化生活方式和消费模式，应用低碳技术，推广使用低碳产品，推动全民广泛参与，使低碳生活成为自觉行动。

1. 提高碳汇能力。大力开展全民植树造林活动。在城区，结合创建国家森林城市、园林城市，高标准建设环城林带、城郊森林公园、景观片林。在农村，坚持生态效益与经济效益并重，推进经济型生态防护林和农田林网建设。加快河流、水库、淀区等水体沿岸和道路两侧的植树造林。围绕市区大水系建设，加大沿岸绿化和景观设置力度。到 2020 年，全市森林覆盖率达到 25% 以上，主城区绿地率达到 40%。

2. 应用低碳产品。鼓励城乡居民购买使用有节能环保认证标识的绿色家用电器。推广使用节能灯、节水用具等低碳节能环保新产品。完善政府采购制度，优先采购低碳、节能、环保办公设备和用品。

3. 改善生活方式。引导人们在衣、食、住、行等日常生活方面，从高碳模式向低碳模式转变，倡导生活简单化、简约化，明显减少单位 GDP 中来自居民生活消费的二氧化碳排放。

四、加快低碳城市建设的保障措施

（一）加强组织领导。建设低碳城市是一项长期的、复杂的系统工程。市成立以市政府主要领导为组长，相关部门为成员的低碳城市建设工作领导小组，办公室设在市发展和改革委员会，负责贯彻落实国家、省有关方针政策，组织低碳研究，加强宏观指导，协调解决工作中遇到的重点问题，保障工作落实。

（二）编制建设规划。编制保定市低碳城市建设规划，明确低碳城市建设的总体思路、原则、目标和任务，细化各重点领域工作部署，确定重点项目，以规划为引导，统筹推进低碳城市建设各项工作。把低碳城市建设纳入国民经济和社会发展规划，把各项目标分解到有关部门的年度工作计划中。

（三）强化项目支撑。把低碳城市建设的主要任务落实到具体项目上，以项目建设为抓手，确保各项任务目标完成。制定优惠政策，加大招商引资和项目建设力度，构建以低碳经济为主导的产业结构，为低碳城市建设提供坚实的产业基础。在市区，要注重产业布局，提高项目质量，对国家明令禁止和限制，不符合节能、环保要求的项目，要坚决禁止。

（四）加强协调配合。整合各种资源，充分发挥各单位在低碳城市建设中的职能作用。发改、规划、住建、城管、财税、工商、金融等部门要对低碳产业发展、低碳产品应用和低碳技术推广给予大力支持。有关部门要做好数据指标监测，加强动态管理。组织、人事部门要创新人才管理体制，优化人才环境，吸引更多的技术和管理人才到保定创业。宣传部门要加大宣传力度，大力营造低碳城市建设的浓厚氛围。

（五）严格督导考核。市低碳城市建设工作领导小组办公室牵头负责，制定二氧化碳排放统计指标体系，建立完整的数据收集和核算系统。由市考核办牵头，制定具体考核方案和评价标准，将低碳城市建设纳入对各县（市、区）、开发区和市直各部门的工作考核，对"一城三星一淀"区、县要提出更高的考核标准。加强目标责任管理，强化督促检查，确保低碳城市建设各项工作扎实有序推进。

各县（市、区）要结合实际，制定推进低碳县城建设的具体措施。